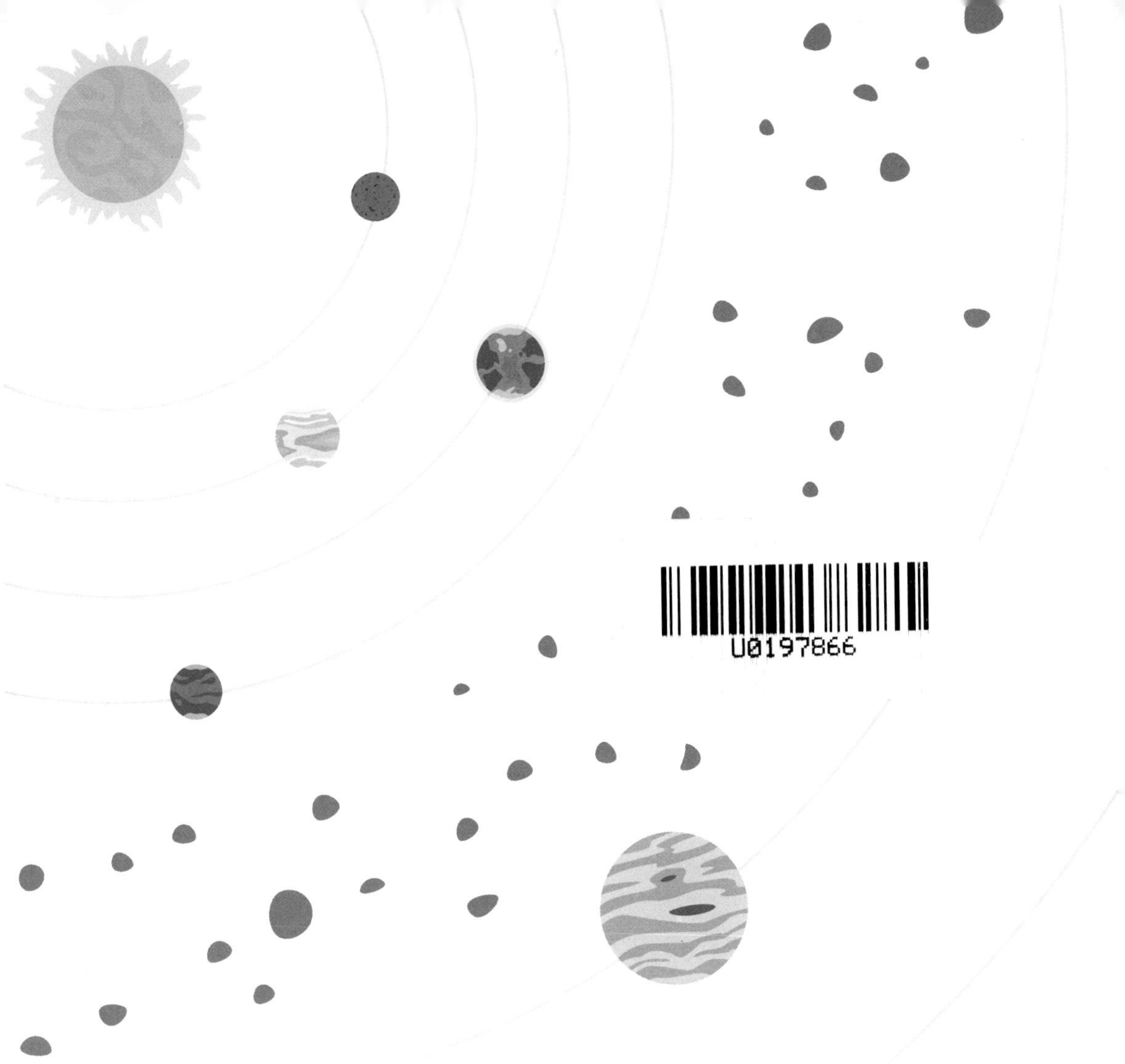

宇宙学概论

王　爽　王　一　黄志琦
朱维善　汤柏添　罗　峰 / 著

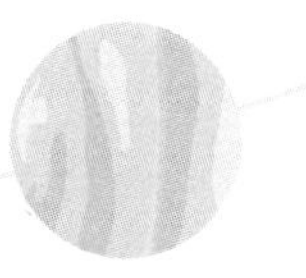

清華大学出版社
北　京

内容简介

本书以科普为主要特色，通过一场宇宙时间之旅来介绍现代宇宙学。我们将从宇宙创生时刻出发，在时间长河中顺流而下，一直旅行到今天；并且按照时间顺序，逐一介绍7个最核心的宇宙学主题，包括暴胀、宇宙大爆炸、宇宙微波背景、宇宙大尺度结构、第一代恒星、暗物质、暗能量。本书是由著名科普作家王爽领衔，中山大学物理与天文学院和香港科技大学理学院多位教师合作撰写的宇宙学教材。读者对象为高校物理学、天文学相关专业的本科生和研究生，以及对宇宙学特别感兴趣的高中生和爱好者。

图书在版编目（CIP）数据

宇宙学概论 / 王爽等著. -- 北京 ：清华大学出版社，2024. 9. --（宇宙奥德赛当代物理丛书）. -- ISBN 978-7-302-67075-9

Ⅰ. P159

中国国家版本馆 CIP 数据核字第 2024YN3127 号

责任编辑： 胡洪涛　王　华
封面设计： 傅瑞学
责任校对： 薄军霞
责任印制： 曹婉颖

出版发行： 清华大学出版社
网　　址： https://www.tup.com.cn，https://www.wqxuetang.com
地　　址： 北京清华大学学研大厦 A 座　　**邮　　编：** 100084
社 总 机： 010-83470000　　**邮　　购：** 010-62786544
投稿与读者服务： 010-62776969，c-service@tup.tsinghua.edu.cn
质量反馈： 010-62772015，zhiliang@tup.tsinghua.edu.cn
印 装 者： 小森印刷（北京）有限公司
经　　销： 全国新华书店
开　　本： 165mm×235mm　**印　张：** 10　**字　　数：** 172 千字
版　　次： 2024 年 9 月第 1 版　**印　　次：** 2024 年 9 月第 1 次印刷
定　　价： 65.00 元

产品编号：103385-01

前 言

2017 年，我开始创作“宇宙奥德赛”系列科普丛书。正如下图所示，“宇宙奥德赛”是一场由地球出发、先后从空间和时间上环游整个宇宙的旅程。这场旅程可以分为两段：宇宙时间之旅和宇宙时间之旅。宇宙空间之旅（图中的右半边）从地球出发，按照从近到远的顺序依次漫游以太阳系为代表的行星世界、以银河系为代表的恒星世界，以及拥有众多河外星系的星系世界。宇宙时间之旅（图中的左半边）则从宇宙创生之时出发，按照时间之河流淌的顺序依次探讨宇宙起源、生命诞生和宇宙命运；这恰好对应著名的哲学三问：我们从哪里来？我们是谁？我们将往何处去？宇宙空间之旅和宇宙时间之旅各有三大主题，一共对应六本科普书。

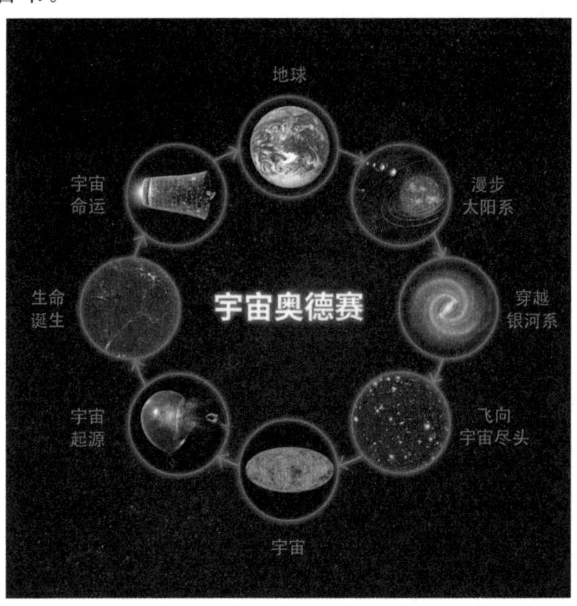

宇宙奥德赛之旅全景图

宇宙空间之旅的三本科普书，即《宇宙奥德赛：漫步太阳系》、《宇宙奥德赛：穿越银河系》和《宇宙奥德赛：飞向宇宙尽头》都已经正式出版。截至 2021 年 7 月，这三本书的豆瓣评分分别是 9.0、9.1 和 8.5，也帮我拿到了不少全国性的科普奖项。基于这三本书，我在中山大学开设了两门通识课："太阳系之旅"和"银河系之旅"；其中，"太阳系之旅"在 2023 年被评为广东省一流线下本科课程。

不过，对于后半段的宇宙时间之旅而言，先出版的并不是原定的 3 本科普书，而是你现在看到的这本名为《宇宙学概论》的教科书。你可以把它视为宇宙时间之旅的学术版。

之所以能够先出版这本教科书，是因为我得到了中山大学物理与天文学院（简称中大物天院）以及香港科技大学（简称港科大）理学院的诸多同事的大力帮助。

我的师兄、港科大的王一教授，撰写了本书的第二章。他介绍了极早期宇宙为什么一定要有一个暴胀阶段，以及暴胀背后的物理本质。

中大物天院的黄志琦教授，撰写了本书的第四章。他介绍了宇宙微波背景的物理本质，以及该如何从中提取各种各样的物理信息。

中大物天院的朱维善副教授，撰写了本书的第五章。他介绍了何为宇宙大尺度结构，以及星系的形成、演化、数量和空间分布。

中大物天院的汤柏添副教授，撰写了本书的第六章。他介绍了第一代恒星的特征，以及它们的生老病死。

中大物天院的罗峰副教授，撰写了本书的第七章。他介绍了暗物质如何被发现，以及暗物质的主流理论和探测实验。

正是因为有他们的鼎力相助，这本以宇宙时间之旅为主线的教科书才得以呈现在读者的面前。

作为宇宙奥德赛之旅的一部分，本书具有非常鲜明的科普特色。它按照时间的顺序，依次介绍 7 个最核心的宇宙学主题，包括暴胀、宇宙大爆炸、宇宙微波背景、宇宙大尺度结构、第一代恒星、暗物质、暗能量。每一章的第一节都是一篇关于该领域的科普文章，致力于让没有任何数理基础的初学者也能了解该领域的核心问题和历史沿革。此后的各小节则逐渐深入，通过核心数学公式和物理图像的介绍，让那些具备物理学或天文学本科知识层次的读者，能够了解该领域最核心的知识体系。

值得一提的是，本书特别重视物理图像的介绍。书中采用了大量原创的科普化比喻，来展示数学公式背后的物理图像。例如，我们用了一个马拉松运动员的原创比喻来展示计算宇宙年龄的原理。

本书的目标读者为高校物理学、天文学相关专业的本科生和研究生，以及对宇宙学特别感兴趣的高中生和爱好者。

最后要说的是，本书是一次“教科书科普化”的尝试。一方面，我们希望通过以科普文章开篇的方式，吸引一些对宇宙学感兴趣的高中生读者，从而扩大本书的受众群体；另一方面，我们希望借助大量原创的科普化比喻，让学生了解数学公式背后的物理图像，从而摆脱“只知计算不知图像、只知数学不知物理”的窘境。全新的尝试难免会出现全新的问题，还请广大读者指正。

本书插图引用出处请扫二维码。

王　爽

2024 年 7 月 22 日于珠海

目 录

1 现代宇宙学基础

本书的主要目的是借由一场宇宙时间之旅，展现宇宙的起源、演化和命运。换言之，本书将从科学的角度，来解答“我们从哪里来”和“我们将往何处去”这样的终极问题。但在开启这场旅程之前，需要先介绍一下我们置身其中的这个宇宙到底是什么样的，以及科学家们创建现代宇宙学过程中的一些关键历史事件。

1.1 宇宙空间之旅

想象一场从地球出发、一直飞到宇宙尽头的旅行。如果把这场旅行拍成一部纪录片，我们可以从中截取出 8 幅最有代表性的画面。

(1) 地球(图 1.1)。为了便于理解，你可以把地球想象成一颗“蓝色弹珠”，其直径约为 12742km。

图 1.1 “蓝色弹珠”——地球

已经存在了 45.5 亿年、质量为 6×10^{24} kg 的地球，是人类赖以生存的家园。由于拥有合适的位置、质量和内部活跃程度，地球得以长期保有海洋、大气和磁场。三者的共同作用，让地球成为一个非常美丽的生命绿洲。

(2) 太阳系(图 1.2)。等比例放大，你可以把太阳系当成一栋“别墅”，其直径约为 1 光年，即 9.46×10^{12} km。

图 1.2　太阳系

位于这栋“别墅”正中心的，是唯一的恒星——太阳，其质量达到 2×10^{30} kg，占太阳系总质量的 99.86%。太阳系内的其他所有天体都周而复始地围绕它公转。

太阳系有八大行星，从内到外依次是水星、金星、地球、火星、木星、土星、天王星和海王星。前 4 个都是岩质行星，也就是以硅酸盐岩石为主要成分的行星。后 4 个都是气态行星，也就是最外层区域由气体构成的行星。

太阳系内还有两个小行星聚集的区域，一个是位于四环和五环间的小行星带，另一个是位于八环以外的柯伊伯带。最外层还有一个直径约为 1 光年的球状云团，叫作奥尔特云，它是很多长周期彗星的故乡。

(3) 银河系(图 1.3)。太阳系这栋“别墅”所在的“城区”，其直径约为 10 万光年。

盘踞在银河系正中心的，是一个质量能达到太阳质量 430 多万倍的巨大黑洞，叫作人马座 A^*。在它的周围有一个长度约为 1 万光年的棒状区域，是一个正在孕育新生恒星的“育婴室”。中心黑洞和棒状育婴室合在一起，就构成了

图 1.3　银河系

银心。

银心之外有一个直径约为 10 万光年的盘状结构，称为银盘。银盘上有一些恒星特别密集的区域，称为旋臂(图 1.4)。最主要的悬臂有 4 条，包括图中青

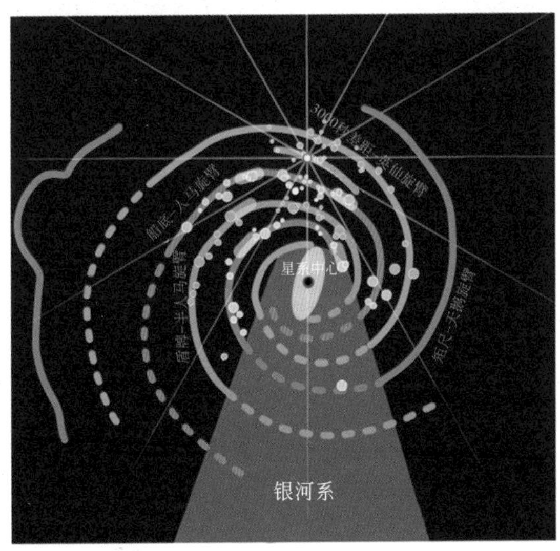

图 1.4　银河系的基本结构

色的 3000 秒差距[①]—英仙旋臂、紫色的矩尺—天鹅旋臂、绿色的盾牌—半人马旋臂以及红色的船底—人马旋臂。此外还有一些次要旋臂，例如太阳系“别墅”所在的橙色的猎户旋臂。换句话说，我们生活的太阳系，其实位于银河系“城区”内一个比较荒凉的地段。

在银盘之外还有一个球状区域，称为银晕。银晕内部稀稀落落地分布着一些非常古老的恒星和球状星团，堪称银河系的“养老院”。银心、银盘和银晕，共同构成了拥有 4000 亿栋“别墅”的银河系“城区”。

(4) 本星系群(图 1.5)。银河系“城区”所在的“城市”——本星系群，其直径约为 1000 万光年。

图 1.5　本星系群

① 1 秒差距＝3.2616 光年。

本星系群有两个中心城区，分别是银河系和仙女星系。银河系的周围大概有 30 多个矮星系。大部分矮星系都像卫星一样绕银河系公转，因而也被称为卫星星系。也有些矮星系只是从银河系周围飞掠而过。

还有一个中心城区是与地球相距 254 万光年的仙女星系，其直径能达到约 22 万光年，而质量能达到太阳质量的 1.5×10^{12} 倍。在仙女星系中心，盘踞着一个超大质量的黑洞，其质量能达到太阳质量的 1 亿倍，是银心黑洞的 20 多倍。在成为本星系群老大的过程中，仙女星系吞并了大量的矮星系；所以在它周围，现在只剩下 10 多个矮星系。

目前，仙女星系正在以 110km/s 的速度向银河系飞驰而来。大概再过 40 亿～50 亿年，两者就会发生碰撞，最终并合成一个巨大的椭圆星系。

(5) 室女座超星系团(图 1.6)。本星系群这座“城市”所在的“省”——室女座超星系团，其直径约为 1 亿光年。

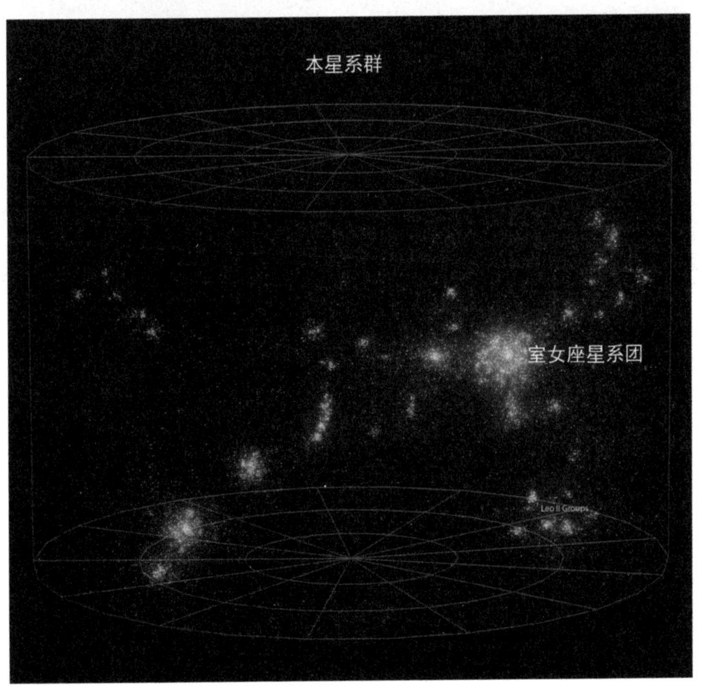

图 1.6　室女座超星系团

这个省的“省会”，是一座与地球大概相距 6000 万光年、拥有 2000 多个星系的“大城市”，即室女座星系团。室女座星系团有 4 个“主城区”，分别是 M87 星系、M86 星系、M89 星系和 M49 星系(图 1.7)。

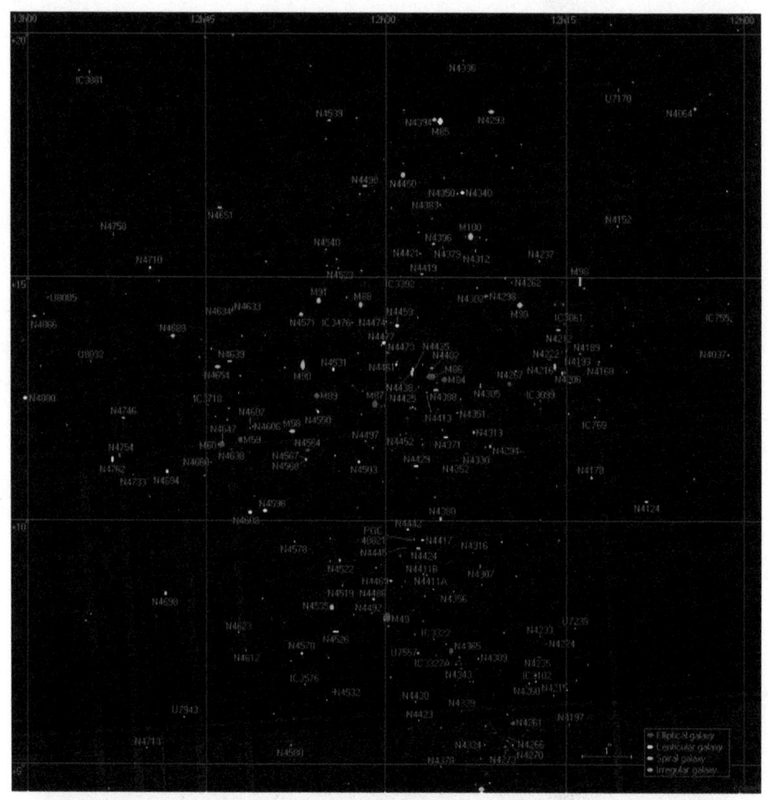

图 1.7　室女座星系团的构成

其中最有名也处于最核心位置的“主城区”，是 M87 星系。这是一个超巨椭圆星系，拥有几万亿颗恒星和 15000 个球状星团。M87 星系有一个非常显著的特征：它有一条延绵 5000 光年、宛如宇宙探照灯的星际喷流(图 1.8)。而在 M87 星系的中心，有一个质量能达到太阳质量 65 亿倍的巨型黑洞，叫作 M87*。M87* 是第一个被人类拍到的黑洞(图 1.9)，也是“省会城市”(室女座星系团)的“中央商务区(CBD)”。

除了“省会”，室女座超星系团还有大概 100 个“城市”，其中绝大多数都是和本星系群一样的“小城”，也就是由几十个星系所构成的星系群。只有在这个“省”的边境地区，才有两个中等规模的“城市”：天炉座星系团和波江座星系团。值得一提的是，室女座超星系团并不是引力束缚系统。这意味着，这个“省”内的绝大多数“城市”，都不怎么理睬室女座星系团这个“省会”，而纷纷奔向人马座方向的一座“一线城市”，即巨引源。

图 1.8 M87 星系的星际喷流

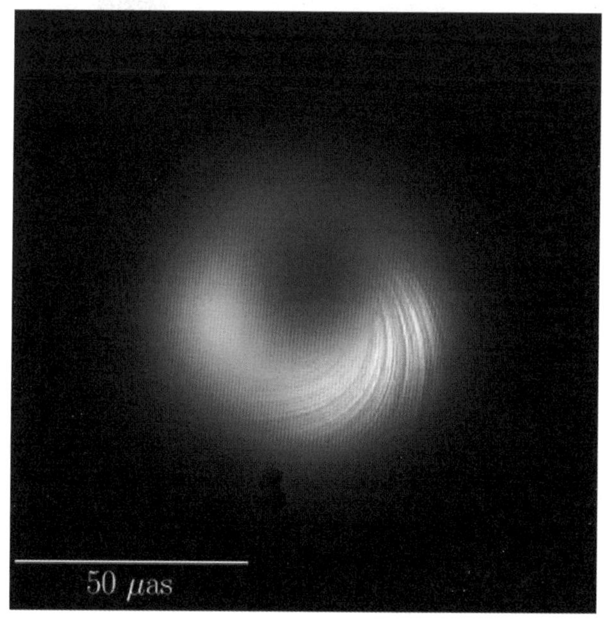

图 1.9 M87* 黑洞的照片

(6) 拉尼亚凯亚超星系团。室女座超星系团这个“省”所处的“国家”，其直径达到约 5 亿光年(图 1.10)。

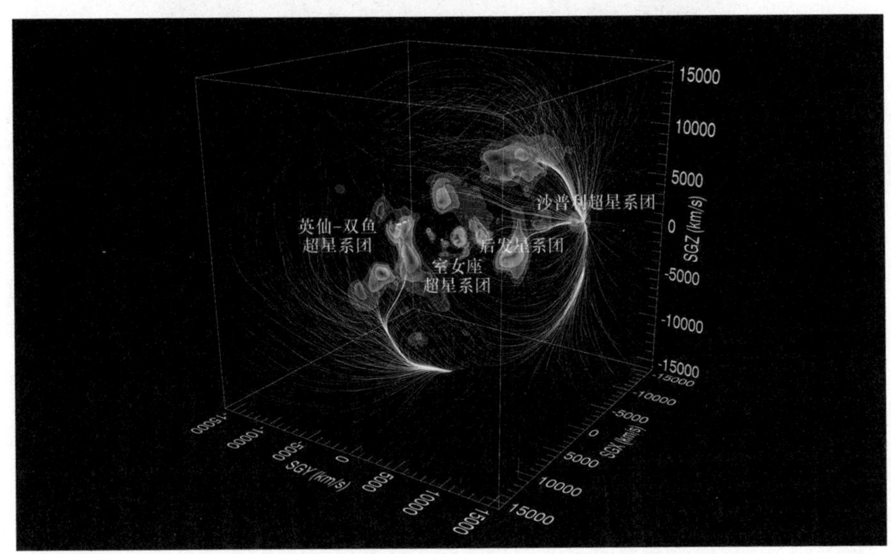

图 1.10　拉尼亚凯亚超星系团的结构

拉尼亚凯亚超星系团的质量能达到银河系的 10 万倍，其“地形”宛如一个巨大的山谷。位于“中心谷地”(银经 307°，银纬 9°)的，就是这个国家的“首都”巨引源，意为“巨大的引力源头”。巨引源的质量能达到太阳质量的 5.0×10^{16} 倍。其巨大的引力，让包括银河系在内的上万个星系，都在以 600～1000km/s 的速度朝它靠近。这就是“一线城市”的虹吸能力。

在巨引源这个“首都”的周围还有 4 个省，分别是长蛇-半人马座超星系团、室女座超星系团、孔雀-印第安超星系团和南方超星系团。其中，长蛇-半人马座超星系团环绕着巨引源，宛如河北省环绕着北京市。而首都圈外的 3 个“省”，即室女座超星系团、孔雀-印第安超星系团和南方超星系团，分别位于西南、西北和南方的“山谷”里。

把这 4 个“省”连在一起的“道路”，就是引力。如果把引力想象成蜘蛛丝，这 4 个“省”就连成了一张巨大的蜘蛛网，覆盖了拉尼亚凯亚“帝国”的整个山谷。位于蜘蛛网上的上万个星系，都在引力蛛丝的牵引下向着位于中心谷地位置的巨引源运动。图 1.11 就是拉尼亚凯亚超星系团的全貌。

(7) 武仙-北冕座长城。一个横跨 100 亿光年的“大洲”(图 1.12)。

在“国家”之上还有更大的天体结构，即“大洲”，也就是星系长城。目前人

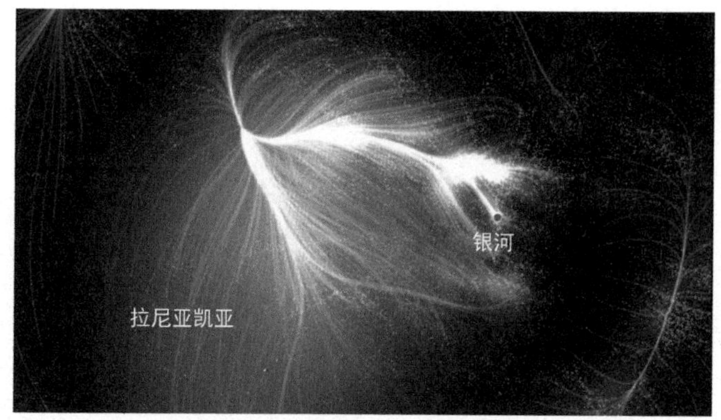

图 1.11 拉尼亚凯亚超星系团的整体外观

图 1.12 武仙-北冕座长城

类发现的最大的“大洲”，就是武仙-北冕座长城（我们的“国家”并不在这个大洲上）。

武仙-北冕座长城是 2013 年才发现的。那一年，通过分析伽马暴巡天数据，天文学家发现在武仙-北冕座方向、离地球 100 亿光年的地方，有一个伽马暴特别密集的区域，其中包含了数百万个星系。这片区域就被人们称为武仙-北冕座长城。它的长度达到了惊人的 100 亿光年，是人类目前发现的最大的天体结构。

(8) 可观测宇宙。一个直径约为930亿光年的"星球"(图1.13)。

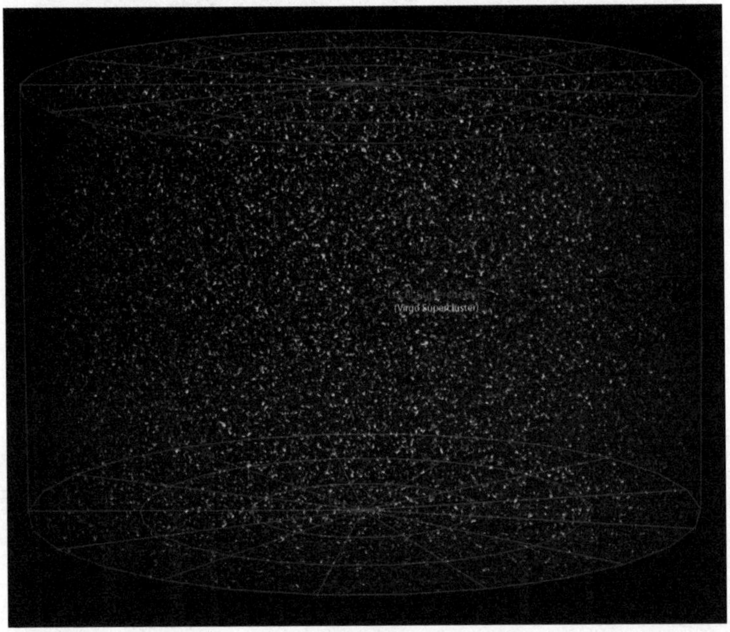

图1.13 可观测宇宙

可观测宇宙是指以地球为中心、用望远镜能够看到的最大空间范围,其直径达到约930亿光年。

在可观测宇宙之外,其实还有一些其他星系。但由于宇宙一直处于膨胀的状态,可观测宇宙之外星系发出的光根本无法传到地球,所以,可观测宇宙也是能和地球发生因果联系的最大空间区域。

最后,我们再来开一个最大的脑洞。如果把这个可观测宇宙也想象成一个小"玻璃珠",那么在它之外其实还有许多其他"玻璃珠"($10^{100}\sim10^{1000}$ 个)。这个数字,已经远远超过我们这个宇宙中包含的原子总数。这个物理图像就是所谓的多元宇宙。在本书的第2章,我们会详细介绍多元宇宙的起源。

1.2 标准烛光

1.1节介绍了我们置身其中的这个可观测宇宙到底是什么样的。本节将介绍现代宇宙学是如何诞生的。

现代宇宙学的诞生,距今不过100多年的时间。直到20世纪初,哥白尼的日心说依然占据天文学界的统治地位。当时人们普遍相信，太阳就位于银河系的中心，而银河系就是宇宙的全部。

支持日心说的代表人物，是英国天文学家威廉·赫歇尔和荷兰天文学家雅各布斯·卡普坦。

赫歇尔是天王星的发现者，也是最早测绘银河系形状之人。当时人们知道，银河系内所有天体差不多都处于同一个平面上。赫歇尔就在银河系平面的各个方向上随机地选取一些小天区，并测量这些小天区内恒星的数量和距离。1785 年，他绘制了第一张银河系地图(图 1.14)。图中被三角形围起来的那颗星星就是太阳，它大致位于银河系的中心。

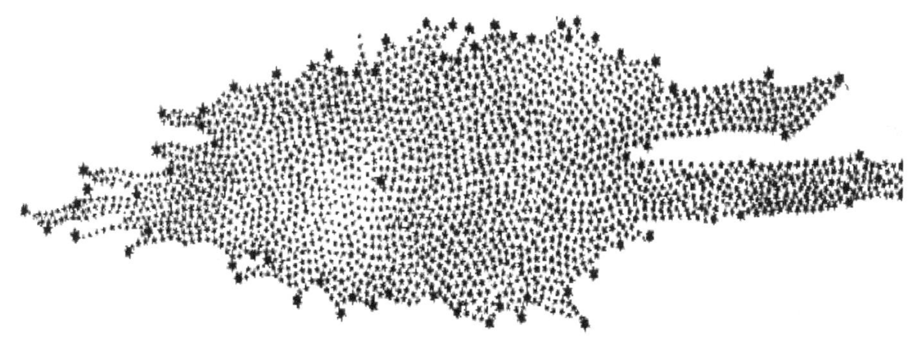

图 1.14　赫歇尔绘制的银河系地图

1906 年，卡普坦又用赫歇尔的办法对银河系的形状进行了更细致的研究。他在银河系平面上随机选取了 206 个小天区，然后动员欧洲各地的 40 多个天文台来和他一起数星星。基于最后汇总的结果，卡普坦宣布太阳就位于银河系的正中心。

为什么在今天看来错误明显的日心说，却能统治天文学界长达 300 年？答案是，受到了当时人类天文距离测量能力的禁锢。

在 20 世纪以前，人类掌握的最强大的天文距离测量手段，是三角视差法。图 1.15 就是三角视差法的原理图。

地球以椭圆轨道绕太阳公转。选取椭圆轨道长半轴的两个端点，A 点和 B 点。可以认为两点间的距离是日地距离的两倍(日地距离 $1\text{AU}=1.496\times10^{8}\text{km}$)。如果在 A 点和 B 点分别观察远处的一颗恒星，会发现这颗恒星在遥远天幕上的位置发生了改变。利用这个观察到的位置改变，可以算出此恒星与 AB 两点构成的等腰三角形的顶角，即周年视差角。用 AB 两点的间距除以恒

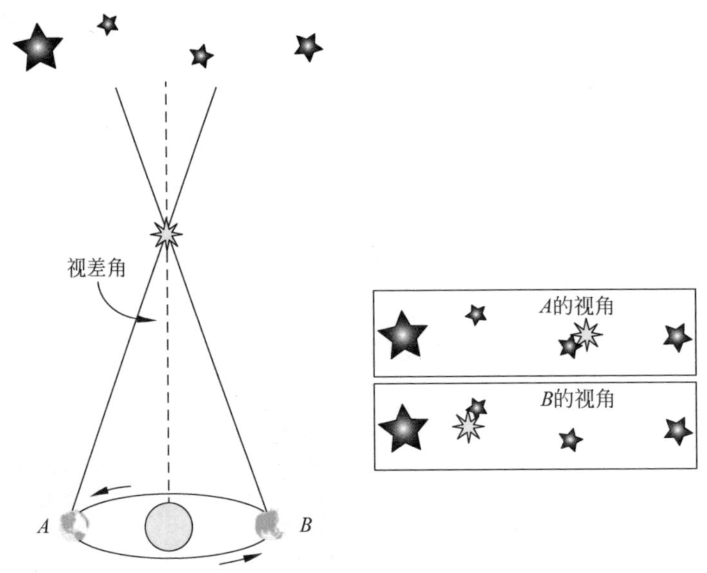

图 1.15　三角视差法原理图

星的周年视差角，就可以算出我们到这颗星星的距离①。

图 1.16　亨丽爱塔·勒维特

这种以日地距离为尺，用几何学测量遥远天体距离的方法，就是三角视差法。在 20 世纪以前，三角视差法一直是人类知道的最强大的天体距离测量方法。但是，三角视差法的测距能力其实非常有限，最多只能测量几千光年的距离②。但问题在于，我们生活的银河系，其直径至少有 10 万光年。换句话说，如果不能超越三角视差法，不能突破天文距离测量能力的禁锢，人类根本就没有测绘银河系形状的能力。

以一己之力完成这个壮举的人是美国天文学家、"现代宇宙学之母"亨丽爱塔·勒维特（图 1.16）。

① 为了简单起见，这里忽略了待测恒星的自行运动。在现实测量中，需要通过多次观测，把星体的自行运动跟视差偏移区分开来。

② 一篇 21 世纪初发表在《科学》杂志上的论文，用三角视差法测量了地球与银河系英仙臂中的一团分子云的距离，结果是 6370 光年。这已经是当时用三角视差法测到的最远距离的记录了。

1908 年，勒维特提出了一种全新的天文距离测量方法——标准烛光法。

先讲一下标准烛光法的基本原理。众所周知，一根蜡烛，离得近看起来就亮，离得远看起来就暗。从数学上讲，如果蜡烛的绝对亮度固定不变，那么蜡烛的视亮度与蜡烛到观察者距离的平方成反比（图 1.17）。

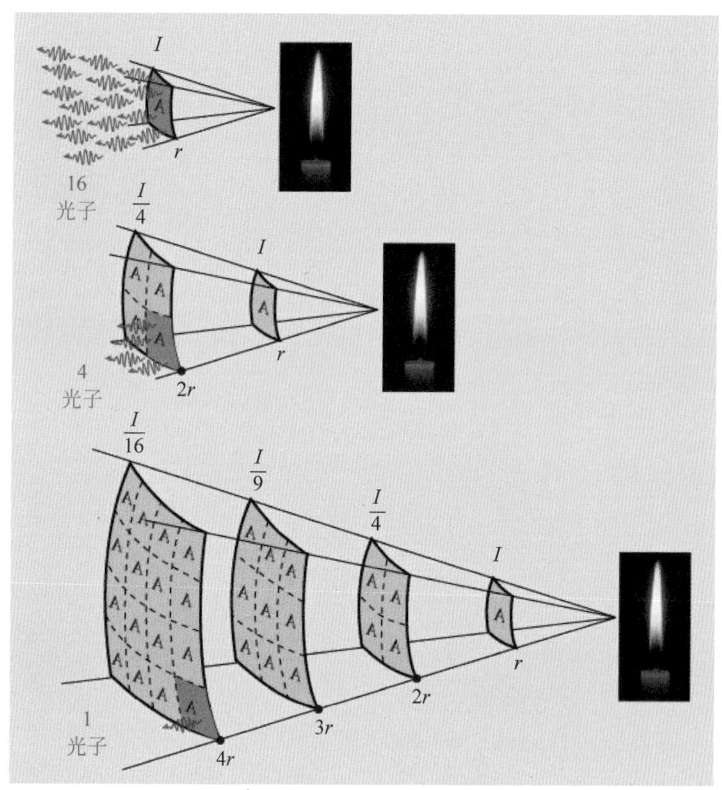

图 1.17　标准烛光法

更关键的是，这个规律可以反过来用。如果能在一个遥远的地方找到一根绝对亮度固定不变的蜡烛，并且测量到此蜡烛的视亮度，就可以反过来推断观测者到此地的距离。这种距离测量方法就是标准烛光法。

但是，要想把某种天体当成标准烛光，该天体必须满足两个条件：①特别明亮，即使相距甚远也能看到。②光学性质稳定，绝对亮度固定不变。这两个条件（尤其是第二个）是极难满足的。

勒维特最大的贡献是找到了一种能当成标准烛光的天体，即造父变星。造父变星最显著的特点是，会发生周期性的明暗交替；而完成一轮明暗交替的时间，叫作光变周期。最典型的例子是仙王座 δ，它在中国古代叫作造父一，所以这类天体就被称为造父变星。

1908 年，勒维特发表了一篇论文（图 1.18），宣布自己在小麦哲伦云中找到了 1777 颗造父变星。不过，这并不是我们要说的重点。

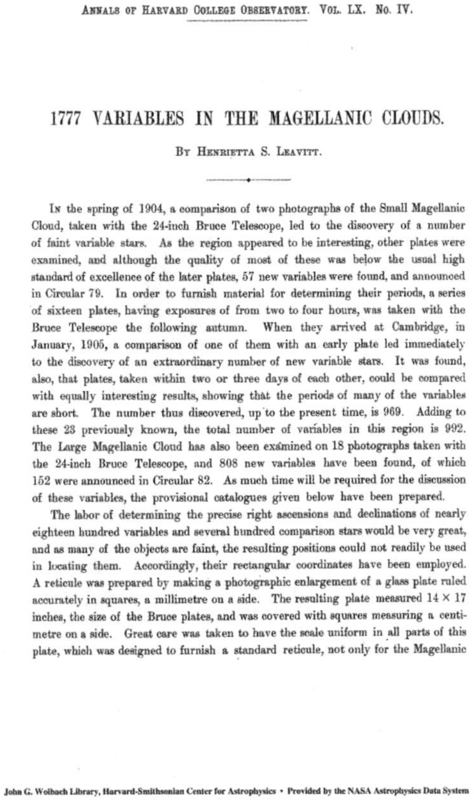
ANNALS OF HARVARD COLLEGE OBSERVATORY. VOL. LX. NO. IV.

1777 VARIABLES IN THE MAGELLANIC CLOUDS.

BY HENRIETTA S. LEAVITT.

IN the spring of 1904, a comparison of two photographs of the Small Magellanic Cloud, taken with the 24-inch Bruce Telescope, led to the discovery of a number of faint variable stars. As the region appeared to be interesting, other plates were examined, and although the quality of most of these was below the usual high standard of excellence of the later plates, 57 new variables were found, and announced in Circular 79. In order to furnish material for determining their periods, a series of sixteen plates, having exposures of from two to four hours, was taken with the Bruce Telescope the following autumn. When they arrived at Cambridge, in January, 1905, a comparison of one of them with an early plate led immediately to the discovery of an extraordinary number of new variable stars. It was found, also, that plates, taken within two or three days of each other, could be compared with equally interesting results, showing that the periods of many of the variables are short. The number thus discovered, up to the present time, is 969. Adding to these 23 previously known, the total number of variables in this region is 992. The Large Magellanic Cloud has also been examined on 18 photographs taken with the 24-inch Bruce Telescope, and 808 new variables have been found, of which 152 were announced in Circular 82. As much time will be required for the discussion of these variables, the provisional catalogues given below have been prepared.

The labor of determining the precise right ascensions and declinations of nearly eighteen hundred variables and several hundred comparison stars would be very great, and as many of the objects are faint, the resulting positions could not readily be used in locating them. Accordingly, their rectangular coordinates have been employed. A reticule was prepared by making a photographic enlargement of a glass plate ruled accurately in squares, a millimetre on a side. The resulting plate measured 14 × 17 inches, the size of the Bruce plates, and was covered with squares measuring a centimetre on a side. Great care was taken to have the scale uniform in all parts of this plate, which was designed to furnish a standard reticule, not only for the Magellanic

John G. Wolbach Library, Harvard-Smithsonian Center for Astrophysics • Provided by the NASA Astrophysics Data System

图 1.18　开创了现代宇宙学的论文

我们要说的重点是，在这篇论文的结尾，勒维特选了 16 颗造父变星，并用一张表格列出了它们的光变周期和亮度的关系。最后，她留下了一句这样的评论："值得关注的是，造父变星越亮，其光变周期就越长。"①

4 年后，勒维特又发表了一篇论文。她选了 25 颗位于小麦哲伦云中的造父变星，把它们画在了一张以亮度为 X 轴，以光变周期为 Y 轴的图上。结果表

① 这些造父变星全部位于小麦哲伦云中，可以认为它们到地球的距离都相等。因此不需要区分视亮度和绝对亮度。

明，这 25 颗造父变星恰好能排成一条直线。勒维特据此断言："造父变星的亮度与其光变周期成正比。"这就是造父变星周光关系，也叫作勒维特定律。

勒维特定律表明，只要挑选出一批光变周期相同的造父变星，就能得到一批绝对亮度完全相同的"蜡烛"。换言之，造父变星就是一种能用来测量遥远距离的标准烛光。正是这个发现，开创了现代宇宙学。

下面再介绍两个与标准烛光有关的后续科学发现。

20 世纪 10 年代，基于标准烛光的思想，美国天文学家哈罗·沙普利(图 1.19)利用球状星团测绘了银河系的"骨架"，进而发现太阳根本不在银河系的中心，而是位于银河系的边缘。这个发现宣判了哥白尼日心说的"死刑"。

1923—1924 年，美国天文学家埃德温·哈勃(图 1.20)利用威尔逊山天文台的"胡克望远镜"，在仙女星云中找到了 12 颗造父变星。通过对这 12 颗造父变星进行测距，哈勃发现仙女星云与我们相距至少上百万光年。这个数字远远超越了银河系的尺寸，说明仙女星云必然位于银河系之外。从那以后，人类才普遍接受银河系并不是宇宙的全部，而只是宇宙中的一座小小的"孤岛"。

图 1.19 哈罗·沙普利

图 1.20 埃德温·哈勃

1.3 宇宙膨胀

1.2 节介绍了现代宇宙学的诞生。本节将介绍另一个关于现代宇宙学的重大科学突破：宇宙膨胀的发现。

说到宇宙膨胀，可能一些读者的脑海中首先就会出现埃德温·哈勃的名字。但是第一个意识到宇宙在膨胀的人其实并不是哈勃，而是美国天文学家维斯托·斯里弗(图 1.21)。

图 1.21　维斯托·斯里弗

1914 年，斯里弗提出了一种测量遥远星云径向速度(星系与地球连线方向上的速度)的方法。此方法基于多普勒效应。

多普勒效应说的是，运动物体发出的任何波的频率，会因为波源和观察者的相对运动而发生变化。如果波源在接近观察者，那么频率变大；如果波源在远离观察者，那么频率变小(图 1.22)。这可以解释日常生活中一个很常见的现象：当火车进站的时候，它发出的汽笛声会变得比较尖锐；而当火车出站的时候，它发出的汽笛声会变得比较低沉。

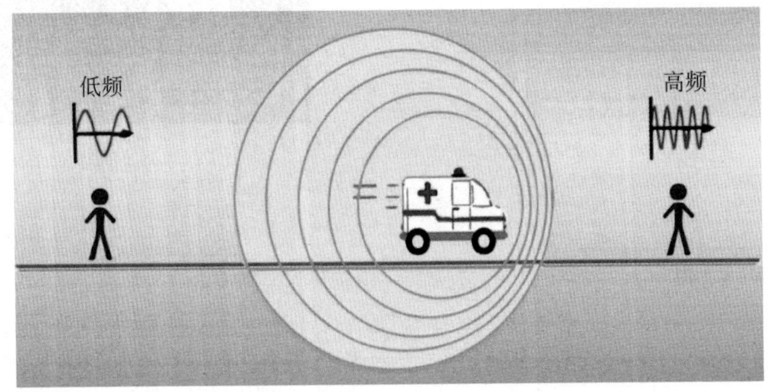

图 1.22　多普勒效应

多普勒效应不仅适用于声波，还适用于宇宙中所有的波。

如果一个天体正在靠近地球，那么在其光谱中，夫琅禾费线会整体地向蓝光端(即频率变大的方向)移动，这就是蓝移。如果一个天体正在远离地球，那么在其光谱中，夫琅禾费线会整体地向红光端(即频率变小的方向)移动，这就是红移(图 1.23)。

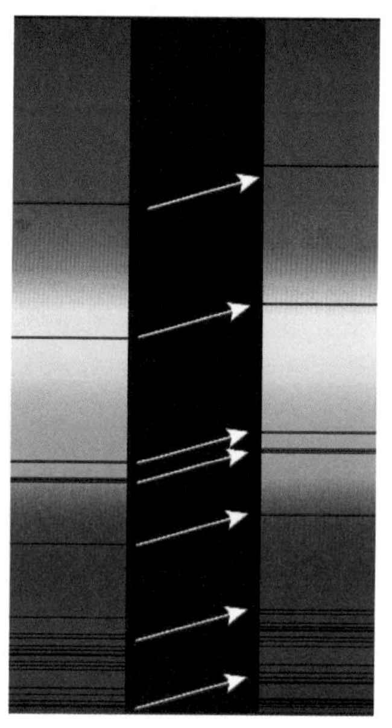

图 1.23 红移

基于遥远天体光谱中的蓝移或红移情况，就能判断这些天体是在靠近还是在远离地球。而通过测量它们光谱中的蓝移或红移的大小，就能算出这些天体靠近或远离地球的径向速度。

1914 年，斯里弗研究了 15 个随机选取的螺旋星云①的光谱，并发现所有星云的光谱都在红移。这意味着，这 15 个随机选取的螺旋星云，全都在远离地球。这是人类第一次发现宇宙膨胀的迹象。

下一个登场的是哈勃。1928 年，哈勃开始探究这样一个问题：遥远星系的径向速度与它们和地球的距离之间，到底有什么关系?

要想回答这个问题，需要同时确定一个遥远星系的距离和径向速度。测量星系距离一直是哈勃的拿手好戏。但是测量星系径向速度，哈勃就不是很熟悉了。所以，他找了一个帮忙测量星系径向速度的助手，此人是美国天文学家米尔顿·赫马森(图 1.24)。

到 1929 年，哈勃和赫马森测出了 46 个星系的速度和距离。结果显示，所有的星系都在远离地球。基于这些星系观测数据，哈勃发表了一篇名为《河外星云距离与其径向速度的关系》的论文。②

这篇论文的核心结果如图 1.25 所示。横轴代表星系到地球的距离，单位是百万秒差距；纵轴代表星系的径向速度，单位是 km/s。图中的众多圆点，代表哈勃和赫马森测量的那些星系。从图 1.25 中可以看出，星系的径向速度与它到地球的距离正相关：星系离地球越远，它的退行速度(即远离地球的速度)就越大。

但正相关仅仅是一个定性的结论。为了定量地描述，哈勃在图中画了一条

① 后来证明，这 15 个螺旋星云全都是银河系之外的星系。

② 但是这篇划时代的论文，并没有把赫马森列为作者。

图 1.24　米尔顿·赫马森

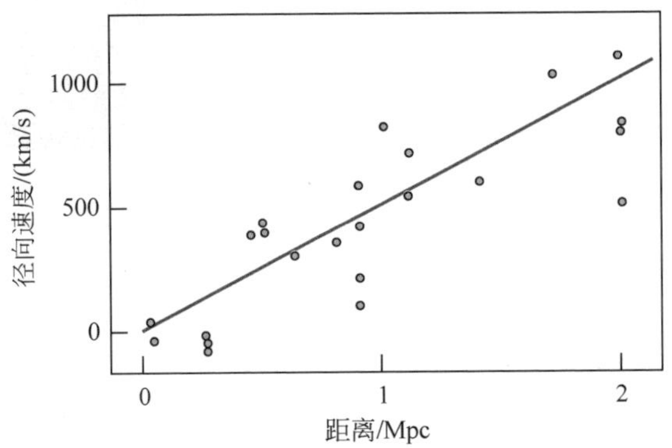

图 1.25　哈勃 1929 年论文的核心结果

穿过数据点的直线，然后宣称星系的退行速度正比于它们到地球的距离。这个推断看起来似乎很随意。

但是历史证明了哈勃的洞见。此后两年时间，他和赫马森一直在测量更遥远星系的速度和径向距离。1931 年，哈勃与赫马森合写了一篇名为《河外星云的速度-距离关系》的论文。这篇论文的核心结论如图 1.26 所示。这回，观测数据与哈勃画的直线完美契合。

星系的退行速度与它们到地球的距离成正比。这个结论，后来被称为哈勃-勒梅特定律。正是这条定律，让人类意识到了宇宙膨胀的事实。这是天文学史上最伟大、最具颠覆性的发现之一。

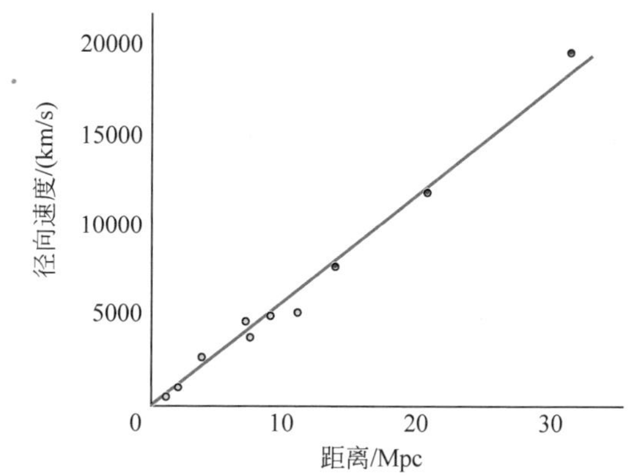

图 1.26 哈勃 1931 年论文的核心结果

哈勃-勒梅特定律也揭示出，我们的宇宙必须满足宇宙学原理：宇宙在大尺度结构上是均匀且各向同性的。均匀是指，宇宙中的物质是均匀分布的；而各向同性是指，宇宙在各个方向上看起来都一样。这样一来，对于宇宙中任意位置的观测者，无论是什么时间，无论从什么角度，宇宙在大尺度结构上看起来都一样。

为了理解宇宙学原理的基本图像，不妨想象一个突然从中心点发生爆炸的小圆球。这场爆炸炸出了许多碎块，随即呈球形向外飞散。然后，你在一个飞散的碎块上，向位于球面上的其他碎块眺望(注意，你的视野始终局限在这个扩散的球面上，无法望向其他的空间维度)。此时，你看到的碎块不断飞散、互相远离的画面，就满足哈勃定律和宇宙学原理。

在一个均匀且各向同性的宇宙中，所有的星系都在互相远离。这就是我们的宇宙中正在上映的“电影”。

现在，在脑海中把这部宇宙“电影”倒着放。你会发现所有的星系都在互相靠近。随着时间的不断推移，它们会变得越来越近，直到最后回到最初的一点。换言之，在过去的某个时刻，宇宙中所有的物质都会聚在一起，完全密不可分。这意味着，宇宙有一个开端。

1.4 弗里德曼方程

前 3 节从科普的角度介绍了现代宇宙学是如何建立的。本节将从数学的角度，介绍现代宇宙学的理论框架。

现代宇宙学有两大基石。

第一块基石是爱因斯坦的广义相对论，其核心公式是爱因斯坦场方程：

$$G_{\mu\nu} \equiv R_{\mu\nu} - \frac{1}{2} g_{\mu\nu} R = 8\pi G T_{\mu\nu} \tag{1.1}$$

这里的 $G_{\mu\nu}$ 是爱因斯坦张量；G 是牛顿引力常数；$R_{\mu\nu}$ 是里奇张量；R 是里奇标量；$g_{\mu\nu}$ 是时空度规；$T_{\mu\nu}$ 是能量动量张量，$T_{\mu\nu}=(\rho+p)U_\mu U_\nu+p g_{\mu\nu}$，$U_\mu=(1,0,0,0)$；而 ρ 和 p 分别代表宇宙中所有成分的总能量密度和总压强。要想求解爱因斯坦场方程，必须先知道时空度规 $g_{\mu\nu}$ 的具体形式。

第二块基石就是 1.3 节讲到的宇宙学原理，其数学表达式是弗里德曼-勒梅特-罗伯逊-沃克度规：

$$\begin{aligned} ds^2 &= \sum g_{\mu\nu} dx^\mu dx^\nu \\ &= -dt^2 + a^2(t)\left[\frac{dr^2}{1-Kr^2} + r^2(d\theta^2 + \sin^2\theta d\Phi^2)\right] \end{aligned} \tag{1.2}$$

这里的 t 是宇宙时间；$a(t)$是宇宙尺度因子(代表宇宙的大小)；r、θ、Φ 是球坐标系的三个坐标。此外，K 是一个描述三维空间曲率的参量，$K=0$、1、-1 时，分别对应于平坦、封闭、开放宇宙。这样一来，$g_{\mu\nu}$ 的具体形式就确定下来了。

基于式(1.1)和式(1.2)，可以推导出两个弗里德曼方程：

$$H^2 \equiv \left(\frac{\dot{a}}{a}\right)^2 = \frac{8\pi G}{3}\rho \tag{1.3}$$

$$\frac{\ddot{a}}{a} = -\frac{4\pi G}{3}(\rho + 3p) \tag{1.4}$$

其中，H 是哈勃参数，$H=H(t)\equiv\frac{\dot{a}(t)}{a(t)}$，代表宇宙膨胀速率随时间的演化。$H_0$ 是今天的宇宙膨胀速率，$H_0=H(t_0)$，称为哈勃常数。在本书中，任何物理量带上了下标 0，都代表该物理量在今天的值。1.3 节介绍的哈勃-勒梅特定律，其数学表达式为 $\nu=H_0 R$。变量上的点代表对宇宙时间 t 求导，有几个点就对 t 求几阶导数，即 $\dot{a}=\frac{da}{dt}$，$\ddot{a}=\frac{d^2 a}{dt^2}$。式(1.3)是第一弗里德曼方程，描述了宇宙膨胀速率随时间的演化。它在现代宇宙学中的地位就相当于牛顿第二定律在牛顿力学中的地位。式(1.4)是第二弗里德曼方程，描述了宇宙膨胀加速度随时间的演化。这两个弗里德曼方程就是现代宇宙学最核心的方程。

前面提到，第一弗里德曼方程中的 ρ 是宇宙中所有成分的总能量密度。它的形式由宇宙中包含的各种成分以及这些成分所占的百分比决定。具体地说，宇宙中包含的成分可以分为以下 4 类：

(1) 辐射。极端相对论性的宇宙成分[①]，包括宇宙微波背景光子和中微子。辐射能量密度 ρ_{r} 随宇宙尺度因子 a 的演化规律是

$$\rho_{\mathrm{r}}=\rho_{\mathrm{r0}}\left(\frac{a_0}{a}\right)^4 \tag{1.5}$$

(2) 物质。能产生引力、非相对论性的宇宙成分，包括重子物质（主要是质子和中子）和暗物质。物质能量密度 ρ_{m} 随宇宙尺度因子 a 的演化规律是

$$\rho_{\mathrm{m}}=\rho_{\mathrm{m0}}\left(\frac{a_0}{a}\right)^3 \tag{1.6}$$

(3) 空间曲率。反映宇宙几何形状的宇宙成分。空间曲率能量密度 ρ_{k} 随宇宙尺度因子 a 的演化规律是

$$\rho_{\mathrm{k}}=\rho_{\mathrm{k0}}\left(\frac{a_0}{a}\right)^2 \tag{1.7}$$

(4) 暗能量。一种源于真空、能够产生斥力的宇宙成分。目前，暗能量的能量密度 ρ_{de} 的演化规律还没有确定，可以表示为

$$\rho_{\mathrm{de}}=\rho_{\mathrm{de0}}X(a) \tag{1.8}$$

其中，$X(a)$是一个关于尺度因子 a 的函数，不同的暗能量模型将给出不同的 $X(a)$的数学形式。对于最简单的暗能量模型，也就是爱因斯坦的宇宙常数模型而言，$X(a)=1$。这样一来，宇宙总能量密度可以表示为

$$\rho=\rho_{\mathrm{r}}+\rho_{\mathrm{m}}+\rho_{\mathrm{k}}+\rho_{\mathrm{de}} \tag{1.9}$$

为了更清晰地展现各种宇宙成分对宇宙膨胀的影响，可以定义一个宇宙临界密度 $\rho_{\mathrm{c0}}=\dfrac{3H_0^2}{8\pi G}$。此外，$\Omega_{\mathrm{r0}}\equiv\dfrac{\rho_{\mathrm{r0}}}{\rho_{\mathrm{c0}}}$、$\Omega_{\mathrm{m0}}\equiv\dfrac{\rho_{\mathrm{m0}}}{\rho_{\mathrm{c0}}}$、$\Omega_{\mathrm{k0}}\equiv\dfrac{\rho_{\mathrm{k0}}}{\rho_{\mathrm{c0}}}$、$\Omega_{\mathrm{de0}}\equiv\dfrac{\rho_{\mathrm{de0}}}{\rho_{\mathrm{c0}}}$分别代表辐射、物质、空间曲率、暗能量目前在宇宙中所占的百分比。需要指出的是，讨论宇宙尺度因子 a 本身的大小并无意义，真正重要的是它随时间变化的比例。因此可以进行归一化处理，假定 $a_0=a(t_0)=1$。这样一来，第一弗里德曼方程就可以表示为

$$H=H_0\sqrt{\Omega_{\mathrm{r0}}a^4+\Omega_{\mathrm{m0}}a^3+\Omega_{\mathrm{k0}}a^2+\Omega_{\mathrm{de0}}X(a)} \tag{1.10}$$

需要强调的是，宇宙尺度因子 a 并不是可观测量，所以，人们往往会用一个可观测参量，也就是红移 z[②] 来替代。宇宙尺度因子和红移满足以下关系式：

---

① 极端相对论性意味着速度接近光速。

② 星系光谱红移的定义是 $z\equiv\dfrac{\lambda_0-\lambda_i}{\lambda_i}$，$\lambda_i$ 是最初发射时的光子波长，λ_0 是今天观测到的光子波长。

$$a=\frac{a_0}{1+z}=\frac{1}{1+z} \tag{1.11}$$

这样一来,第一弗里德曼方程可以写成

$$H(z)=H_0\sqrt{\Omega_{\mathrm{r0}}(1+z)^{-4}+\Omega_{\mathrm{m0}}(1+z)^{-3}+\Omega_{\mathrm{k0}}(1+z)^{-2}+\Omega_{\mathrm{de0}}X(z)} \tag{1.12}$$

接下来介绍一下,如何基于第一弗里德曼方程计算宇宙的年龄和大小。

先科普一下计算宇宙年龄的物理图像。想象有一名马拉松运动员,刚刚完成一场马拉松比赛(跑完 42.195km)。但是,没有人知道他起跑的具体时间。按目击者说法,这名运动员总共经历了 5 个阶段:第 1 阶段,运动员在加速跑;第 2、3、4 阶段,运动员在以不同的减速度进行减速跑;第 5 阶段,运动员又做加速跑。现在要问,如何测出这个运动员完成整个比赛所花的时间?

答案是,需要在整条赛道上布满测速装置,从而确定这名运动员的跑步速率随距离变化的函数 $V(x)$。

接下来,就可以运用积分的思想,把整条马拉松赛道均匀地划分成许多小区间。只要小区间的距离足够短,就可以把运动员在每个小区间的跑步速率都视为常数,从而算出运动员通过每个小区间所花的时间。把运动员通过小区间的时间全部加在一起,就可以算出运动员完成比赛所花的时间。从数学上讲,就是对运动员跑步速率随距离变化的函数进行积分。

现在,你可以把马拉松运动员当作宇宙,把运动员的跑步速率当作宇宙的膨胀速率。宇宙的膨胀过程同样可以分为 5 个阶段,即暴涨、重加热、辐射统治、物质统治和暗能量统治阶段。在暴涨阶段,宇宙作加速膨胀;在重加热、辐射统治和物质统治阶段,宇宙以不同的减速度作减速膨胀;在暗能量统治阶段,宇宙又重回加速膨胀的状态。

同样的道理,只要知道宇宙膨胀速度随距离变化的函数,也就是哈勃参数 $H(z)$,就能通过计算一个积分,来确定宇宙的年龄 t。

讲完了物理图像,接下来介绍一下具体的数学计算。哈勃参数的定义式为

$$H\equiv\frac{\dot{a}}{a}=\frac{\mathrm{d}a}{a\,\mathrm{d}t} \tag{1.13}$$

利用式(1.11),把宇宙尺度因子 a 替换成红移 z,再对宇宙时间 t 进行积分,就可以得到

$$t_0=\frac{1}{H_0}\int_0^{\infty}\frac{\mathrm{d}z}{(1+z)\sqrt{\Omega_{\mathrm{r0}}(1+z)^{-4}+\Omega_{\mathrm{m0}}(1+z)^{-3}+\Omega_{\mathrm{k0}}(1+z)^{-2}+\Omega_{\mathrm{de0}}X(z)}} \tag{1.14}$$

如果采用最主流的宇宙常数模型，再代入天文观测得到的Ω_{r0}、Ω_{m0}、Ω_{k0}和Ω_{de0}的数值，就可以算出当前的宇宙年龄t_0约为138亿年。

至于可观测宇宙的半径，就是从宇宙诞生至今的这段时间，光所能走的最大距离。而光所走的轨迹，是由测地线方程决定的。基于式(1.2)，在平坦宇宙中，不考虑方向的影响，测地线方程可以表示为

$$\mathrm{d}s^2=-\mathrm{d}t^2+a^2\mathrm{d}r^2=0 \tag{1.15}$$

再把宇宙尺度因子a替换成红移z，并对可观测宇宙的半径r进行积分，可以得到

$$r_0=\frac{1}{H_0}\int_0^{\infty}\frac{\mathrm{d}z}{\sqrt{\Omega_{r0}(1+z)^{-4}+\Omega_{m0}(1+z)^{-3}+\Omega_{k0}(1+z)^{-2}+\Omega_{de0}X(z)}} \tag{1.16}$$

采用最主流的宇宙常数模型，再代入天文观测得到的Ω_{r0}、Ω_{m0}、Ω_{k0}和Ω_{de0}的数值，就可以算出可观测宇宙的半径r_0约为465亿光年。①

参考文献

[1] LEAVITT H S. 1777 variables in the magellanic clouds[J]. Annals of Harvard College Observatory, 1908, 60: 87-108.

[2] HUBBLE E. A relation between distance and radial velocity among extra-galactic nebulae [J]. Proc. Natl. Acad. Sci., 1929, 15: 168.

[3] MUKHANOV V. Physical foundations of cosmology [M]. Cambridge: Cambridge University Press, 2005.

[4] WEINBERG S. Cosmology[M]. Oxford: Oxford University Press, 2008.

[5] LIDDLE A. An introduction to modern cosmology[M]. 3rd ed. Hoboken: Wiley, 2015.

[6] 王爽. 宇宙奥德赛：飞向宇宙尽头[M]. 北京：清华大学出版社，2023.

---

① 本书采用了自然单位制。实际计算可观测宇宙半径的时候，需要在式(1.16)中补上一个光速c。

2 暴　胀

从本章开始，我们将正式开启宇宙时间之旅。这场旅行的起点是宇宙创生的时刻。

2.1 平坦性问题和视界问题

可能很多人都会认为，宇宙创生时发生的第一件事是宇宙大爆炸。严格说来，这种说法是错误的。

第1章讲过，我们的宇宙正处于不断膨胀的状态。若追溯过去，越是早期，宇宙的密度就越大，温度也越高。在宇宙极早期，宇宙中充斥着温度极高的极端相对论性(速度非常接近光速)的气体，即辐射。此时的宇宙也是辐射占主导。宇宙从极高温度、辐射为主的状态演化至今的理论，就是宇宙大爆炸理论。

很多人之所以认为宇宙起源于宇宙大爆炸，是因为他们把宇宙大爆炸和宇宙奇点混为一谈了。宇宙奇点是一个密度无穷大的初始时刻，目前已知的物理定律都会在宇宙奇点处失效。宇宙大爆炸则是伽莫夫等为了解释轻元素丰度问题而提出的一个描述轻元素核合成过程的理论，它对应于我们要在第3章中介绍的原初核合成。所以说，宇宙大爆炸和宇宙奇点并不是一回事。

20世纪80年代，美国物理学家艾伦·古斯(图2.1)指出，宇宙并非起源于我们已知的以辐射为主的减速膨胀状态。换句话说，在宇宙大爆炸之前还发生了其他的事件。这是因为，如果宇宙真的起源于这个辐射为主的状态，会遇到一些很严重的理论困难，其中最有名的两个是平坦性问题和视界问题。

平坦性问题说的是，宇宙为什么如此平坦，致使 $\rho_{k0}\approx 0$?

空间曲率的取值范围，从负曲率到平坦再到正曲率，是一个连续变化的过程。“平坦”仅仅是这个取值范围里的一个点(空间曲率为0)。目前的观测结果

图 2.1 艾伦·古斯

表明,假如宇宙有曲率,其等效能量密度 ρ_{k0} 也小于宇宙总能量密度 ρ_0 的 1%。[①] 所以,宇宙空间曲率刚好落在"平坦"这个点上,确实不同寻常。

如果用牛顿引力来近似理解宇宙,则平坦宇宙对应宇宙膨胀速度刚好等于逃逸速度,正、负曲率分别对应宇宙膨胀速度小于、大于逃逸速度。为何根据目前的观测,宇宙膨胀速度刚好等于逃逸速度?这是非常诡异的。

但这只是问题的开始,宇宙演化将会放大这个问题。这是因为,宇宙从"诞生"到现在至少膨胀了 10^8 倍。设现在的宇宙尺度因子 $a(t_0)=1$。假设现在 $\rho_{k0}=0.01\rho_0$,且现在辐射能量密度为 $\rho_{r0}(t_0)=10^{-4}\rho_0$(基于微波背景辐射观测),那么宇宙早期尺度因子 $a=10^{-8}$ 的时候,空间曲率占宇宙能量密度的多少呢?

注意 $\rho_k \propto a^{-2}$ 以及 $\rho_r \propto a^{-4}$,立刻可以得到

$$\left.\frac{\rho_k}{\rho_r}\right|_{a=10^{-8}}=\frac{\rho_k(t_0)}{\rho_r(t_0)}a^2=10^{-14} \tag{2.1}$$

考虑到宇宙早期是辐射为主,也就是说,$a=10^{-8}$ 时,宇宙曲率的等效能量仅占整个宇宙的一百万亿分之一。如果宇宙起源于尺度因子更小的时候,则当时的空间曲率的占比还要更低。

如果宇宙真的起源于辐射为主的状态,则空间曲率在宇宙中的占比应该是宇宙的初始时刻就定好的。也就是说,在宇宙诞生之时,空间曲率的能量占比就小于一百万亿分之一。换言之,宇宙膨胀速度和宇宙密度所决定的逃逸速

---

① 如果画一个和可观测宇宙一样大的三角形,那么这个三角形的内角和与 180°的区别小于 1%。

度，最多相差一百万亿分之一。为什么会这样？这就是热大爆炸宇宙学中的平坦性问题。

思考：为了更直观地表示辐射、曲率等组分随宇宙演化的变化，图 2.2 为宇宙中各组分能量密度随尺度因子的变化。我们也在尺度因子为 10^{-8}、10^{-4} 和 1 处分别画出了当时宇宙各组分的饼图。请在图中补全物质在宇宙能量密度中的占比。

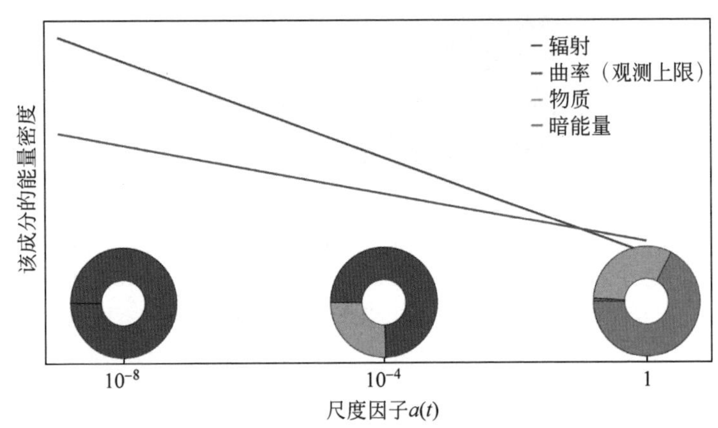

图 2.2　宇宙中各组分能量密度随尺度因子的变化

视界问题说的是宇宙为什么看起来会如此均匀？

首先要问，宇宙奇点是一个空间点吗？答案是否定的。平坦性问题告诉我们，在宇宙极早期，三维空间必须是非常平坦的。也就是说，在宇宙奇点，宇宙空间并没有机会卷曲成一个点，所以，大爆炸奇点其实是一个特殊的时间点。在这个时间点上，在依然平坦的空间中，空间依旧均匀各向同性，而每一点的能量密度趋向于无穷大。

现在问题来了：如果宇宙真的诞生于一个奇点，之后从以辐射为主的状态开始演化，那么我们能看到整个宇宙吗？

答案是不能。这是因为，大爆炸发生的时候，宇宙已经很大了（甚至有可能是无穷大）。从大爆炸到现在，宇宙年龄是有限的，所以光能传播的距离也有限。这样一来，我们就不能看到整个宇宙。

特别是，在宇宙大爆炸刚刚发生的时候，由于当时的宇宙年龄非常小，光（或任何能携带信息的信号）根本就来不及传播很远。所以，大爆炸刚发生的时候，宇宙空间各个地方互相看不到彼此；换句话说，宇宙空间各个地方是因果不连通的。随着宇宙年龄的不断增大，我们能够看到的空间区域才逐渐增加。

这就很奇怪了。我们今天看到的宇宙在大尺度上是非常均匀的。那么反推回去，极早期的宇宙也应该是高度均匀的。但我们现在看到这部分宇宙，在宇宙极早期是由很多因果不连通的区域组成的。它们互相不能靠交换物质或信息来达到平衡。那么宇宙怎么可能“一开始”就是高度均匀的呢？这就是视界问题。

为了更好地理解视界问题的物理图像，不妨做一个类比。一群考生在同一间教室里参加了一场两小时的考试。后来老师在批改卷子的时候，发现所有人的答卷竟然完全相同，甚至连错误都一模一样。这该怎么解释呢？唯一合理的解释是，这群考生互相对了答案。

现在把这群考生一分为二，一部分人留在地球，另一部分人送到与地球相距 4.3 光年的比邻星，然后也在同一时间参加了一场两小时的考试。你猜结果如何？所有人的答卷竟然还是一模一样！这就很诡异了。就连光在地球和比邻星间穿梭，都需要花 4.3 年的时间。那么这些考生到底是怎么对上答案的呢？

介绍完了视界问题的物理图像，我们再讲讲相关的数学。首先讲讲如何计算视界大小。

在物理坐标下，光速 $c=a(t)\mathrm{d}r/\mathrm{d}t$。将这个方程积分，得到光从某初始 t_i 时刻到 t 时刻传播过的共动距离为

$$r(t)=c\int_{t_\mathrm{i}}^{t}\frac{\mathrm{d}t^*}{a(t^*)} \tag{2.2}$$

对应的物理距离是 $a(t)r(t)$。尺度因子可以表示为

$$a(t)=a(t_\mathrm{i})\left(\frac{t}{t_\mathrm{i}}\right)^{\frac{2}{3(1+\omega)}} \tag{2.3}$$

其中，$\omega\equiv\dfrac{p}{\rho}$，称为状态方程。辐射、物质、空间曲率和暗能量会给出不同的 ω。这样一来，共动视界 $r(t)$ 就可以表示为

$$r(t)=\frac{2}{1+3\omega}\times\frac{c}{a(t)H(t)}\times\left[1-\left(\frac{a(t_\mathrm{i})}{a(t)}\right)^{\frac{1+3\omega}{2}}\right] \tag{2.4}$$

这里，$2/(1+3\omega)$ 是个常数，$c/(aH)$ 叫作共动哈勃视界。当 $\omega>-1/3$ 且 $t\gg t_\mathrm{i}$ 时，等式右边中括号内第二项可以忽略。

对于辐射为主的宇宙，状态方程 $\omega=1/3$，因而 $r\propto\sqrt{t}$。这就验证了前面做的定性讨论：宇宙刚诞生时 $(t\to 0)$，共动视界很小。这些因果不连通区域之间

确实存在视界问题。

你可能会认为，平坦性问题和视界问题都介于哲学和物理学之间，不算常规的物理学问题。如果宇宙创生之初就是高度平坦而均匀的，也并非完全不可能的事情。但即使不考虑平坦性问题和视界问题，热大爆炸宇宙学也仍然存在问题。

举个例子。超越视界的关联实验表明①，宇宙在均匀各向同性的基础上，还存在着微小的密度扰动。目前已经测量到，在超越早期宇宙视界的尺度上（假设宇宙起源于辐射为主的状态），这些密度扰动存在关联。也就是说，在超越视界的尺度上，如果一部分宇宙的密度稍大一点，会影响另一部分宇宙密度扰动取值的概率。这种超越视界的关联是怎样产生的呢？这也是热大爆炸宇宙学无法解释的。

这些热大爆炸宇宙学无法解释的问题，让宇宙学家们普遍相信在宇宙大爆炸之前还发生了其他的事件。为此，他们提出了一些描述极早期宇宙的理论。其中名气最大的是暴胀理论。

2.2 暴胀

2.1 节中，我们有意用事后诸葛亮的形式，将平坦性问题和视界问题以比较容易解决的形式表达了出来。这里，建议大家先不要继续往下读，而是自己想一想，如何解决热大爆炸宇宙学中的平坦性问题和视界问题。提示一下，可以把共动视界的表达式，即式(2.4)，当作突破口。

造成平坦性问题和视界问题的根源，在于我们假设了宇宙从诞生之初就是以辐射为主的。因此，我们需要抛弃这个假设。换句话说，在宇宙进入辐射统治阶段（即发生宇宙大爆炸）之前，还经历了其他的阶段。

那么，在辐射统治阶段之前，主导宇宙能量密度的成分应当具有什么特点？或者说，要想解决视界问题，需要什么样的物质形态？

我们先从数学公式出发寻找突破口，然后再讨论物理图像。基于共动视界的表达式，即式(2.4)，可以看出视界问题的本质是，在辐射为主时期开始的时候 $r(t)$ 太小。在辐射为主的宇宙之前，什么样的能量成分可以显著增大 $r(t)$？

为了解决这个问题，我们将式(2.2)中的共动距离分成两部分：从宇宙创生时刻 t_i 到辐射统治阶段开始时刻 t_r，光跑过的距离是 r_{pre}；从辐射统治阶段开始时刻 t_r 到更晚的时刻 t，光跑过的距离是 r_{rad}：

---

① 技术上，这种关联体现为超视界尺度上密度扰动的两点关联函数。

$$r(t)=r_{\text{pre}}+r_{\text{rad}}=c\int_{t_i}^{t_r}\frac{\mathrm{d}t^*}{a(t^*)}+c\int_{t_r}^{t}\frac{\mathrm{d}t^*}{a(t^*)} \tag{2.5}$$

我们的目的是显著增大 $r(t)$，以解决视界问题。从 2.1 节我们已经知道，r_{rad} 是很小的，根本无法解决视界问题。至于 r_{pre}，如果 $\left(\frac{a(t_i)}{a(t_r)}\right)^{\frac{1+3\omega}{2}}$ 项依然可以忽略不计的话，那么 r_{pre} 正比于 t_r 时刻的共动哈勃视界，仍然非常小，解决不了视界问题。

那么问题来了：到底什么样的 ω 取值范围，可以让 r_{pre} 变得很大呢？答案是 $-1<\omega<-1/3$①。此时，$(1+3\omega)/2<0$，因此

$$r_{\text{pre}}=\left|\frac{2}{1+3\omega}\right|\times\frac{c}{a(t_r)H(t_r)}\times\left[\left(\frac{a(t_r)}{a(t_i)}\right)^{\left|\frac{1+3\omega}{2}\right|}-1\right] \tag{2.6}$$

也就是说，如果 $-1<\omega<-1/3$，则共动视界的尺度是被此阶段宇宙膨胀的倍数放大的。如果在辐射为主开始前，宇宙已经膨胀了很多倍，例如 e^{60} 倍，就可以彻底解决视界问题。

这种状态方程 ω 满足 $-1<\omega<-1/3$ 的特殊物质，叫作暴胀子。由暴胀子主导的宇宙阶段，就是暴胀。

暴胀子的引入不仅能解决视界问题，还能解决平坦性问题。能量密度和尺度因子满足关系式

$$\rho\propto a^{-3(1+\omega)} \tag{2.7}$$

也就是说，在 $-1<\omega<-1/3$ 时，暴胀子能量密度被宇宙膨胀稀释的速度，远远小于空间曲率被稀释的速度。因此，就算在暴胀阶段开始时空间曲率很大，它也会被宇宙膨胀更快稀释掉（与暴胀子相比）。这样一来，在暴胀结束的时候，宇宙就会变得非常平坦。这就解决了平坦性问题。

引入暴胀子后，宇宙膨胀状态会发生什么改变？由式(2.3)可以导出：

$$\ddot{a}\propto-\frac{2(1+3\omega)}{9(1+\omega)^2}t^{\left[\frac{2}{3(1+\omega)}-2\right]} \tag{2.8}$$

因此，在暴胀阶段，$-1<\omega<-1/3$ 会导致 $\ddot{a}>0$，这意味着宇宙在加速膨胀。事实上，暴胀这个名字，就是在宇宙极早期，宇宙加速膨胀的意思。

宇宙的加速膨胀，不仅解决了视界问题和平坦性问题，也告诉我们广袤的宇宙空间从何而来。为看清这一点，让我们取 $\omega\to-1$ 的极限，这也是下文中我

---

① 由于 $\omega\leqslant-1$ 可能会引起扰动不稳定问题，这里假设 $\omega>-1$。

们主要感兴趣的情况。这时，暴胀子的能量密度 $\rho \to \text{const}$。那么由弗里德曼方程，暴胀期间哈勃参数 $H \to \text{const}$，所以 $a \propto e^{Ht}$，也就是随时间作指数膨胀。只需要 60 个哈勃时间，宇宙体积就可以膨胀 10^{78} 倍。所以在暴胀期间，宇宙空间会被迅速制造出来。

现在我们已经知道，在宇宙大爆炸前，引入一个有 $-1<\omega<-1/3$ 的暴胀子统治的阶段，就可以解决视界问题和平坦性问题。暴胀子最核心的特性，是具有负压强。那么，什么物质能给出 $-1<\omega<-1/3$ 的状态方程，进而产生负压强呢?

如果我们有一盒子气体，让盒子膨胀的时候，气体的密度显然会下降。此时，气体具有正压强。因此，普通气体不是我们要找的物质。

如果我们有一个真空的盒子，盒子膨胀的时候，真空还是真空，密度不变。也就是说，真空如果具有能量，则真空能的密度不变，状态方程恰好是 $\omega=-1$，能产生负压强。但是，真空能也不是我们要找的、能推动暴胀的物质。这是因为，我们引入暴胀，是为了在辐射为主的宇宙前面加上一段，来解决热大爆炸宇宙学的种种问题。也就是说，暴胀需要结束，辐射为主的宇宙需要开始。而真空永远是真空，不能结束。

这启发我们，需要找一种几乎像真空一样简单，但是又具有动力学，可以结束的状态。能实现这种状态的最简单的模型是一个标量场。在时空中的每一点上，标量场可以取一个实数值。我们用 $\phi(x,t)$ 表示标量场。宇宙学原理表明，$\phi(x,t)$ 应该几乎不随空间变化，所以 $\phi(x,t)\approx\phi(t)$。$\phi(t)$ 被称为标量场的背景。

当标量场处于势能较大之处时，$\phi(t)$ 具有的势能 $V(\phi)$，就像真空能量一样，可以用来驱动暴胀。而随着时间推移，当 $\phi(t)$ 演化到势能较小之处，就会衰变成其他物质，从而结束暴胀，进而开启以辐射为主的宇宙新阶段。

标量场的物理图像是什么呢? 可以用弹簧床垫进行类比(图 2.3)。可以想象，暴胀阶段对应于弹簧床垫上的每一点都被同样压紧，空间每一点都因此具有较大的势能。这种势能驱动了暴胀。随后，压紧的床垫缓慢舒张开来(想象由于某种阻力，压紧的床垫恢复原状很缓慢)，最后，床垫往复振荡，暴胀因此结束。

这里，我们只对标量场做了定性的简单介绍。在慢滚暴胀部分，我们将详细介绍膨胀宇宙中标量场的性质。此外，暴胀也能解释我们观测到的、超越视界的关联。不过我们把这个问题是如何解决的，以及这个问题对宇宙的深远影响，放到后面的章节来讨论。

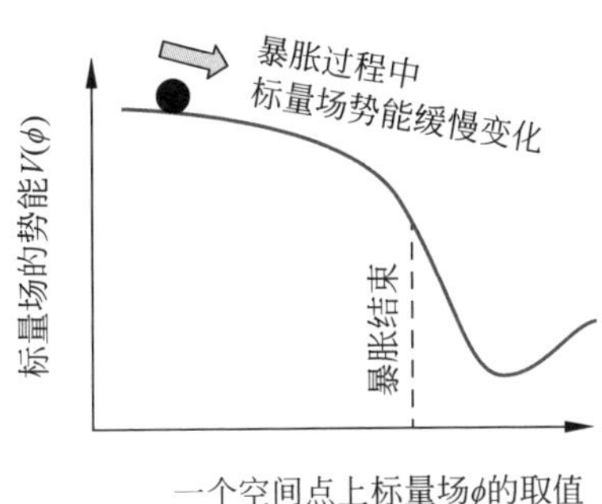

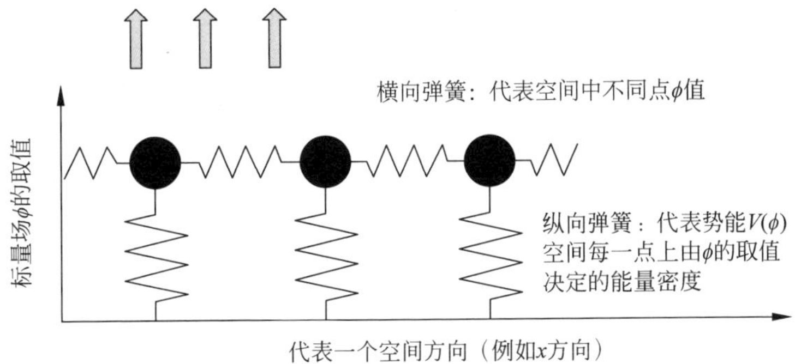

图 2.3　标量场的物理图像

研究宇宙有点像研究历史。我们追随大爆炸宇宙学的遗迹，随时光向前追溯。越追溯到宇宙早期，直接的观测证据越少，我们就越要依靠间接的线索进行推理。①

本书中，我们将按照时间顺序，与读者漂流在宇宙演化的长河之中。所以，让我们从宇宙创生时刻开始我们的旅程。需要特别强调的是，按照时间顺序，我们需要一开始就面对争议最大的话题，即暴胀宇宙的起源。这就好比《史记》是从争议更大的《五帝本纪》写起。

① 对极早期宇宙的研究，目前还处于蓬勃发展当中。极早期宇宙的理论和晚期宇宙相比，存在更多争议。比如说，暴胀宇宙学是极早期宇宙的主流理论，但对宇宙起源，目前仍有其他学说存在。而暴胀宇宙的起源，则更加众说纷纭了。

2.3 永恒暴胀

在 2.2 节中,我们介绍了一个均匀各向同性的标量场如何解决热大爆炸宇宙学的种种疑难,进而为辐射为主的宇宙提供初始条件。那么,又是谁为这个标量场提供了均匀各向同性的初始条件呢?

目前,关于暴胀宇宙起源的一个主流假说是永恒暴胀。

暴胀可以看成是驱动暴胀的标量场在势能上缓慢滚动导致的。在经典层面,暴胀场会沿着势能向下滚动。但在量子层面,暴胀场会有量子扰动,而量子扰动可能是向下的(降低势能),也可能是向上的(提高势能)。空间中不同点上的量子扰动不同,如图 2.4 所示。

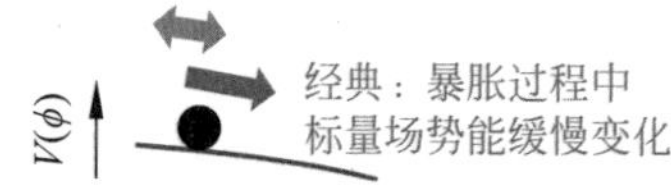

图 2.4 量子扰动的影响

暴胀期间,由于空间的指数膨胀,一个哈勃时间在 $\Delta t=1/H$ 之内,宇宙将膨胀 $(e^{H\Delta t})^3=e^3\approx 20$ 倍。

如果没有量子扰动,那么新产生的 20 份空间内,由于标量场 ϕ 在势能上的经典滚动,每一份的空间能量密度都会下降,ϕ 都离暴胀结束更近了一点,所以,最后在全空间内,暴胀会同时结束。

但是如图 2.5 所示,如果量子扰动很强,则暴胀的图像就完全不同了。在新产生的 20 份空间内,哪怕有一份空间中的能量密度上升了,则这份空间就会离暴胀结束更远,从而经历更长时间的暴胀。接着,这份空间又会在一个哈勃时间内产生 20 份新的空间,其中又有超过一份的空间能量密度上升……这样,空间就陷入了永无休止的自我复制之中,暴胀也永远不会在整个宇宙中停止下来。这就是永恒暴胀的物理图像。这就好比每个人的生命都是有限的,但是由于生命的自我复制机制,人类社会可以延续下去一样。

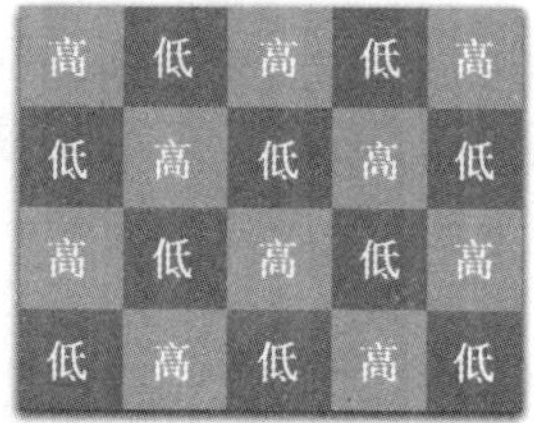

图 2.5 永恒暴胀原理图

永恒暴胀假说认为，在整体上永不结束的暴胀过程中，一些区域的空间能量密度降低，量子扰动变弱，从而退出永恒暴胀，再经历正常的暴胀阶段，最后演变到辐射为主的阶段。但是，即使是现在，宇宙中的大部分区域还处于永不休止的永恒暴胀之中。

永恒暴胀本身就很令人吃惊了。但是，超弦理论中“弦景观”假说的发展，为永恒暴胀提供了一个更惊人的推论。这就是多重宇宙假说。

作为目前为止最成功的量子引力理论，一般认为，弦理论是唯一的。但是这个唯一的理论存在极多的解(有人估计是 $10^{100}\sim10^{1000}$ 个)。使用标量场来近似描述(即有效场论)，这些解可以看成是，我们的宇宙可能出现在一个复杂标量场势能的任何一个极小值的地方[①]，如图 2.6 所示。当标量场取值不同的时候，粒子种类、质量、相互作用甚至空间维数都可以不同。

标量场的简单势能　　“弦景观” 预言的复杂势能（另外，也会有更多个标量场）

图 2.6　简单和复杂标量场的势能极小值

如果把标量场的势能高低比作山峰山谷，我们的世界可能处于一个崇山峻岭组成的“景观”当中(图 2.7)。我们无法得知世间是否此山最高、此谷最低，因为我们只是生活在“弦景观”的一个角落而已。

图 2.7　“弦景观”的物理图像

① 需要这个极小值处的宇宙寿命足够长。

永恒暴胀中，标量场从一个取值出发，可以遍历“弦景观”中很多，甚至全部局域极小的势能。如果“弦景观”假说是对的，并且永恒暴胀确实发生过，那么我们的宇宙就只是多重宇宙中的一个。

多重宇宙不仅挑战了我们的想象力，也对什么是科学提出了挑战。一方面，我们只能观测到我们自己的可观测宇宙里的现象，看不到我们之外的多重宇宙。另一方面，由于多重宇宙中的不同宇宙具有不同的物理定律，我们放弃了对一些物理定律的解释。而“人的存在”第一次与基本物理定律的形式联系了起来。这是因为，多重宇宙中的不同宇宙有不同的物理定律，其中有的宇宙适合人的存在，有的宇宙不适合人的存在。我们只能处于适合人存在的宇宙中。这就是人择原理。用人择原理解释自然定律和物理常数之所以是现在这个样子，就好比解释为什么我们生活的地球上恰好有液态水一样。

即使永恒暴胀理论是对的，永恒暴胀本身也需要面对自己的起源问题。但是，永恒暴胀的起源可以在近乎无限远（尽管数学上是有限的）的过去。并且观测上，与永恒暴胀起源相关的信息可能早已被永恒暴胀稀释掉了，或许我们无法进一步探知永恒暴胀的起源。

暴胀理论目前是关于宇宙起源的最成功的理论。它引入了一个简单的标量场，从而一举解决了平坦性问题和视界问题等；并且，暴胀理论预言了宇宙中的微小扰动存在超越视界的关联，这种关联已经被宇宙学观测所证实。

不过，人们也提出了一些其他的宇宙起源假说，例如弦气、火劫、反弹假说。这些假说中，宇宙有可能先收缩后膨胀，或者处于缓慢膨胀的状态，甚至在时间的复数域而不是实数域中演化，之后再进入辐射为主阶段（即开启宇宙大爆炸）。将这些假说与暴胀理论进行对比研究，目前还是原初宇宙领域的一个重要问题。不过鉴于暴胀理论的巨大成功，在本章中，我们将放下争议，集中介绍暴胀理论。①

2.4 慢滚暴胀

之前，我们给出了用标量场实现暴胀的定性描述：好像压紧的床垫慢慢舒张一样，暴胀子的滚动使得暴胀子的势能慢慢变化，从而推动宇宙发生暴胀。而当暴胀结束后，宇宙进入以辐射为主时期，进而开启宇宙大爆炸。

---

① 这是因为，即使你对研究暴胀的替代模型感兴趣，首先深入理解暴胀如何成功，也是研究暴胀替代模型的必修课。

本节中，我们将给出上述物理图像的数学细节，特别是暴胀子的运动方程，以及如何近似求解暴胀子运动方程和弗里德曼方程组成的系统。基于这些数学细节，我们才能进一步理解暴胀发生的条件、暴胀的动力学、暴胀结束的条件，进而深入理解空间、结构和物质起源的问题。

2.4.1 暴胀子的动力学

为了定量研究暴胀，我们需要知道暴胀子给定初始状态后，如何随时间演化。这就是暴胀子的动力学。

现代物理学中，动力学的第一原理通常都是作用量原理。因此，我们首先给出暴胀子场 $\phi(x,t)$ 的作用量。[①]

$$S=\int \mathrm{d}^4 x\sqrt{-g}\left[-\frac{1}{2}g^{\mu\nu}\partial_\mu\phi\partial_\nu\phi-V(\phi)\right] \tag{2.9}$$

我们主要感兴趣其均匀各向同性的背景 $\phi(t)$ 部分。这部分的作用量简单得多，其拉氏量为

$$L=a^3(t)\left[\frac{1}{2}\dot{\phi}(t)^2-V(\phi)\right] \tag{2.10}$$

其中，$\dot{\phi}\equiv \mathrm{d}\phi/\mathrm{d}t$，$V(\phi)$是暴胀子的势能。不同的暴胀模型会给出不同的 $V(\phi)$。因此和一个粒子的拉氏量类似，暴胀子拉氏量的总体结构为动能密度 $\frac{1}{2}\dot{\phi}(t)^2$ 减去势能 $V(\phi)$；由于宇宙的膨胀，前面还要乘上一个体积因子 $a^3(t)$。

利用拉氏量式(2.10)和欧拉-拉格朗日方程，可以得到暴胀子背景部分的运动方程：

$$\ddot{\phi}+3H\dot{\phi}+\frac{\mathrm{d}V}{\mathrm{d}\phi}=0 \tag{2.11}$$

这个方程的第一项和第三项，与牛顿力学中单位质量的小球在保守力作用下的运动 $\ddot{x}=F=-\frac{\mathrm{d}V}{\mathrm{d}x}$是完全一致的，只是运动发生在场空间 ϕ 里面，而不是位置空间 x 里面。而第二项 $3H\dot{\phi}$ 可以理解为摩擦力。所以，我们可以把暴胀子的

① 不熟悉作用量原理的读者可以跳过作用量的部分，把暴胀子的运动方程和能量密度当作研究暴胀的出发点。

运动想象成小球在具有摩擦力的势能中运动。

由弗里德曼方程，直接影响宇宙膨胀速度的不是暴胀子的取值，而是暴胀子的能量密度。所以，为了了解暴胀子如何驱动暴胀，我们需要得到暴胀子的能量密度。

暴胀子的能量密度可以由拉氏量式(2.10)的勒让德变换得到：

$$\rho=\frac{1}{2}\dot{\phi}^2+V(\phi) \tag{2.12}$$

也就是说，暴胀子的能量密度体现为动能加势能。这符合小球运动的直觉。

暴胀子的压强可以由连续性方程得到。由连续性方程可知，$p=-\frac{\dot{\rho}}{3H}-\rho$。再利用式(2.11)和式(2.12)，可以得到

$$p=\frac{1}{2}\dot{\phi}^2-V(\phi) \tag{2.13}$$

于是，暴胀子的状态方程为

$$\omega\equiv\frac{p}{\rho}=\frac{\frac{1}{2}\dot{\phi}^2-V(\phi)}{\frac{1}{2}\dot{\phi}^2+V(\phi)} \tag{2.14}$$

为了推动暴胀，要求$-1<\omega<-1/3$。

2.4.2 近似解：慢滚暴胀

求解暴胀子的运动方程，即式(2.11)，并非易事。这是因为，哈勃参量$H=\sqrt{8\pi G\rho/3}$由弗里德曼方程决定，这为方程增添了更多非线性效应。所以，只有在非常特殊的势能下，我们才有希望精确求解暴胀子的运动方程。

幸运的是，对于很多无法精确求解的系统，我们都能找到很好的近似手段。这次也不例外。实验观测表明，暴胀期间，空间几乎是呈指数膨胀的，也就是说，H几乎是一个常数，误差不超过百分之几。为了让H近似是个常数，并且让这个近似保持足够长时间，我们要求

$$\varepsilon\equiv-\frac{\dot{H}}{H^2},\quad \eta\equiv\frac{\dot{\varepsilon}}{H\varepsilon},\quad |\varepsilon|\ll 1,|\eta|\ll 1 \tag{2.15}$$

这就是慢滚近似，ε和η称为慢滚参数。注意，并不是说，任何暴胀模型都必须满足慢滚近似。只是简单的暴胀模型，在慢滚近似下，就足以解释目前的观测了。

慢滚参数的物理意义可以这样理解：一般地，对于一个量 F（例如 H、ε、η），F 变化缓慢的意思是，在一个哈勃时间 $\Delta t=1/H$ 内，F 的变化和 F 本身相比很小。

思考：证明慢滚近似等价于如下条件：

$$\frac{1}{2}\dot{\phi}^2 \ll V(\phi), \quad |\ddot{\phi}| \ll 3H|\dot{\phi}| \tag{2.16}$$

忽略 $O(\varepsilon^2,\eta^2,\varepsilon\eta)$，则有

$$\varepsilon \approx \frac{1}{16\pi G}\left(\frac{\mathrm{d}V/\mathrm{d}\phi}{V}\right)^2, \quad \eta \approx \frac{1}{8\pi G}\frac{\mathrm{d}^2V/\mathrm{d}\phi^2}{V} \tag{2.17}$$

将慢滚参数写成式(2.17)有个好处。只要知道暴胀场势能的形式，就可以知道慢滚条件是否被满足。但是，式(2.17)也为我们提出了一个问题：因为引力是很弱的力，即 G 通常是个小量。但现在，G 出现在分母上，却还要求 ε 和 η 是小量。这就对势能 V 有非常强的要求。这也是构造暴胀模型面临的最大困难之一。篇幅所限，本书就不深入展开了。

利用慢滚条件式(2.16)，弗里德曼方程和暴胀子的运动方程可以简化为

$$H^2=\frac{8\pi G}{3}V, \quad 3H\dot{\phi}+\frac{\mathrm{d}V}{\mathrm{d}\phi}=0 \tag{2.18}$$

消去 H，得

$$\dot{\phi}=-\frac{\mathrm{d}V/\mathrm{d}\phi}{\sqrt{24\pi GV}} \tag{2.19}$$

给定 $V(\phi)$的形式后，等式右边可以完全用 ϕ 表示出来，这个方程是关于 ϕ 的一阶常微分方程，可以直接积分求解。解出 ϕ 后，再代入弗里德曼方程，即可得到 H。

暴胀能持续多久？由于暴胀期间宇宙近乎成指数膨胀，我们用宇宙膨胀倍数的对数来衡量暴胀持续时间的长短。我们定义从暴胀过程中尺度因子为 a_* 的时刻到暴胀结束的 e 叠数为

$$N_*=\ln\left(\frac{a_{\mathrm{end}}}{a_*}\right)\approx H(t_{\mathrm{end}}-t_*) \tag{2.20}$$

等式最右边表明，由于暴胀期间空间接近指数膨胀，暴胀期间，e 叠数约等于以哈勃时间为单位，从时刻 t_* 起，到暴胀结束所经历的时间。

假设暴胀结束于 $\varepsilon\approx\frac{1}{16\pi G}\left(\frac{\mathrm{d}V/\mathrm{d}\phi}{V}\right)^2\approx 1$，则对于一个给定的 $V(\phi)$，可以由此解出暴胀结束时的 $\phi=\phi_{\mathrm{end}}$。

设 t_* 时刻暴胀子的取值为 ϕ_*，则暴胀子从 ϕ_* 运动到 ϕ_{end}，宇宙膨胀的 e 叠数满足

$$\mathrm{d}N=-\mathrm{d}\ln a=-H\mathrm{d}t=-\frac{H}{\dot{\phi}}\mathrm{d}\phi\approx\frac{8\pi GV}{(\mathrm{d}V/\mathrm{d}\phi)}\mathrm{d}\phi \tag{2.21}$$

于是

$$N_*=\left|\int_{\phi_*}^{\phi_{\text{end}}}\frac{8\pi GV}{(\mathrm{d}V/\mathrm{d}\phi)}\mathrm{d}\phi\right| \tag{2.22}$$

思考：假设暴胀的势能为 $V(\phi)=\frac{1}{2}m^2\phi^2$，求 N_*。

2.4.3 密度扰动：星系结构起源的种子

宇宙学原理告诉我们，宇宙是接近均匀、各向同性的。那么，为什么我们身边的物体分布一点儿都不均匀呢？地球、太阳系、银河系，直至星系团的尺度上，空间物质的分布都是不均匀的。直到更大的尺度上，我们的宇宙才可以近似成均匀各向同性的。较小的尺度上，宇宙为什么不均匀？

你可能意识到，小尺度上宇宙不均匀，是因为引力是不稳定的。宇宙中密度稍大的部分会吸引周围的物质，导致这部分的密度进一步增大。这就是结构起源的基本原理。

但是，我们进一步问，宇宙中"密度稍大的部分"是从哪里来的呢？也就是说，宇宙扰动的起源发生在什么时候？如果这个问题太大，让人摸不到头绪的话，那么，在暴胀宇宙学的框架下，我们进一步发问。

宇宙扰动可能起源于暴胀之前吗？答案是否定的。本章开头我们已经讲到，在暴胀期间，空间的指数膨胀会把暴胀之前的任何不均匀性稀释掉。

宇宙扰动可能起源于暴胀之后吗？假如暴胀创造出的空间完全是均匀的，由于物质由原子组成，在原子尺度总会有量子扰动，这种极小尺度的扰动可能成为结构形成的起源吗？答案也是否定的。这是因为，从原子尺度到星系团尺度，横跨了 30 多个数量级。膨胀宇宙中的引力不稳定性来不及把原子尺度的扰动放大到宇宙尺度。

因此，宇宙扰动只能起源于暴胀期间。这是因为，即使是指数膨胀的空间也不能打破量子力学的基本原理——不确定性原理。由量子不确定性而产生的量子涨落，随着空间的加速膨胀穿出哈勃视界，从量子扰动被放大为经典扰动。暴胀期间的这种扰动机制，就是星系结构起源的种子。

2.5 重加热

观测表明，早期宇宙曾经历过以辐射为主的阶段。所以，暴胀结束后，宇宙必须从暴胀子主导转变为辐射主导。暴胀子如何衰变成辐射？此后宇宙的温度有多高？这些问题关系到宇宙的物质从哪里来，以至“我们从哪里来”这样的终极问题。目前，我们还不能唯一确定暴胀子的衰变方式。这里，我们将对暴胀子的几种常见衰变模型或衰变机制作出介绍。

1. 暴胀子的瞬时衰变

描述暴胀结束的最简单模型为瞬时衰变。在暴胀结束瞬间，暴胀子的全部能量转化为辐射能量。

在瞬时衰变的情况下，暴胀结束后，宇宙有多热呢？为此，我们需要知道密度与温度之间的关系。对于光子，密度 ρ_γ 与温度 T 的关系为

$$\rho_\gamma = \frac{\pi^2 k_{\mathrm{B}}^4}{15\,\hbar^3 c^3} T^4 \tag{2.23}$$

其他辐射成分也有类似的关系，而总密度为同温度下各成分密度之和。由于我们还不清楚暴胀子会衰变成多少种辐射成分，这里我们忽略数值因子。利用弗里德曼方程联系总密度与暴胀结束时的哈勃参数 H，我们得到

$$T_{\mathrm{reh}} \approx \frac{\hbar}{k_{\mathrm{B}}} \sqrt{\frac{H}{t_{\mathrm{p}}}} \tag{2.24}$$

其中，t_{p} 为普朗克时间，$t_{\mathrm{p}} \equiv \sqrt{\hbar G/c^5} \approx 5 \times 10^{-44}\,\mathrm{s}$ 式(2.24)可以理解为，对于瞬时衰变模型，暴胀子衰变后，每个辐射量子的振动周期为普朗克时间和暴胀结束时的哈勃时间的几何平均值。瞬时衰变模型可用于一些非微扰的暴胀子衰变过程，例如迅速的相变、弦理论中正反膜世界的湮灭等。

2. 暴胀子的微扰衰变

为了衰变成其他辐射粒子，暴胀子需要与这些粒子有相互作用(又称耦合)。如果暴胀子与这些粒子相互作用较弱，则暴胀子的衰变过程可能持续很长时间。为描述这种较慢的衰变，我们引入暴胀子的衰变率 Γ。衰变率的物理意义是，暴胀子的单个量子衰变的半衰期为 $1/\Gamma$。也就是说，一个暴胀子要经历大概 $t_{\mathrm{decay}} \sim 1/\Gamma$ 的时间才会衰变。

如果暴胀结束时的哈勃参数 $H \sim \Gamma$，则回到瞬时衰变的情况。如果 $H \gg \Gamma$，

则暴胀结束后的一个哈勃时间非常短，暴胀子不会在一个哈勃时间内衰变。在暴胀结束，而暴胀子还尚未衰变的期间，暴胀场仍然在它的势能上滚动(例如在最小值周围往复振动)，但是慢滚条件被破坏。这时，宇宙不再按指数膨胀。哈勃参数将随时间不断减小。

前面已经算过，从暴胀结束到暴胀子衰变经历的时间 $t_{decay} \sim 1/H_{decay}$。所以，在暴胀子衰变时，宇宙的哈勃参数已经下降到 $H_{decay} \sim \Gamma$。注意到这一点，我们就可以利用与瞬时衰变类似的估计来计算暴胀子衰变后宇宙的温度：

$$T_{reh} \approx \frac{\hbar}{k_B}\sqrt{\frac{\Gamma}{t_p}} \tag{2.25}$$

重加热的温度，对我们理解宇宙演化起到重要的作用。这是因为，重加热是暴胀之后(暴胀前的遗迹已经被暴胀稀释殆尽了)，宇宙曾经达到的最高温度。通常认为，重加热的温度所对应的能量，应该高于我们目前粒子对撞能达到的最高能量。原因在于，我们目前理解的粒子物理标准模型还不能解释宇宙中为什么物质比反物质多，也不能解释暗物质的起源。更高的重加热温度，可以容纳物质和暗物质起源的机制，也为高能物理的各种假说提供了实验场。另外，未来的引力波观测，可能会探测到重加热时期，物质最初产生时所放出的引力波。这种引力波的波长也是由重加热的温度决定的。

参考文献

[1] GUTH A H. The inflationary Universe: a possible solution to the horizon and flatness problems[J]. Phys. Rev. D, 1981, 23: 347.

[2] LINDE A D. A new inflationary Universe scenario: a possible solution of the horizon, flatness, homogeneity, isotropy and primordial monopole problems[J]. Phys. Lett. B, 1982, 108: 389.

[3] KOLB E W, TURNER M S. The early Universe[J]. Front. Phys., 1990, 69: 1.

[4] CHEN X. Primordial non-gaussianities from inflation models[J]. Adv. Astron., 2010: 638979.

[5] WANG Y. Inflation, cosmic perturbations and non-gaussianities[J]. Commun. Theor. Phys., 2014, 62: 109-166.

[6] BAUMANN D, MCALLISTER L. Inflation and string theory[M]. Cambridge: Cambridge University Press, 2015.

3 宇宙大爆炸

暴胀结束后，宇宙进入辐射为主的阶段。此阶段发生的最重要的事件是原初核合成，从而创造了氢、氦、锂等化学元素。这就是所谓的热大爆炸理论（也叫作宇宙大爆炸理论）。在本章中，我们将简述热大爆炸宇宙学建立的历史，并介绍它最核心的物理图像。

3.1 热大爆炸宇宙学

长久以来，科学界普遍相信静态宇宙模型，即宇宙无边无际、无始无终。

最早意识到宇宙可能有一个开端的人，是比利时科学家乔治·勒梅特（图 3.1）。这个观点源于他对爱因斯坦广义相对论的研究。

图 3.1　乔治·勒梅特

1915 年,爱因斯坦(图 3.2)提出了广义相对论。广义相对论最核心的公式是爱因斯坦引力场方程,即式(1.1)。式(1.1)的左边描述了宇宙的时空结构,而式(1.1)的右边描述了宇宙的物质分布。美国物理学家约翰·惠勒认为广义相对论的本质是“物质告诉时空如何弯曲,而时空告诉物质如何运动”。

图 3.2　阿尔伯特·爱因斯坦

但仅仅一年后,爱因斯坦就意识到,在广义相对论的理论框架下,静态宇宙模型会变得岌岌可危。这是因为,只要有一点微扰,宇宙的平衡状态就会被打破,然后开始膨胀或收缩。换句话说,如果式(1.1)是对的,宇宙根本无法长久维持静止状态。

为了挽救静态宇宙模型,爱因斯坦对引力场方程做了修改,在式(1.1)左边引入了第三项,即宇宙常数项(图 3.3)。宇宙常数项能产生斥力,从而与引力达成平衡。这样一来,宇宙就可以处于永恒不变的静止状态。

1922 年,俄国物理学家亚历山大·弗里德曼(图 3.4)从不带宇宙常数项的爱因斯坦场方程以及宇宙学原理出发,推导出了描述宇宙动力学演化的弗里德曼方程,即式(1.3)和式(1.4)。这也是现代宇宙学最核心的方程。

弗里德曼方程揭示,按照空间曲率大小划分,宇宙总共有三种可能的状态,即平坦、开放和封闭,分别对应于以临界速度膨胀、以超临界速度膨胀和收缩三

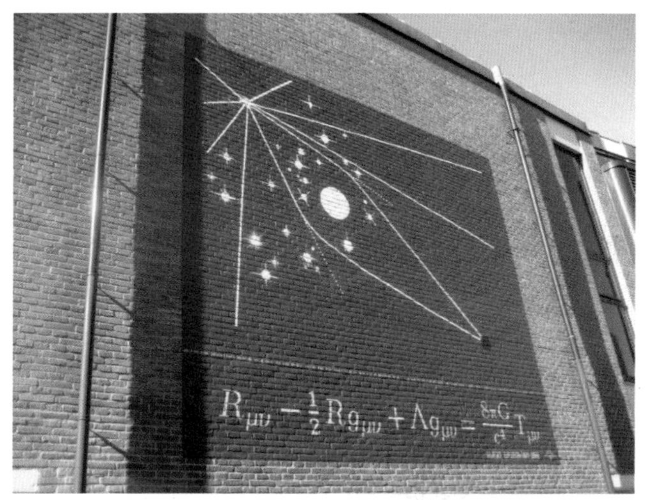

图 3.3 爱因斯坦引力场方程

种情况(图 3.5)。

但是弗里德曼的研究,遭到了以爱因斯坦为代表的主流物理学界的冷落,并没有掀起什么波澜。

1927 年,勒梅特也研究了广义相对论的宇宙学应用。他意识到,如果去掉宇宙常数项,那么宇宙就应该处于不断膨胀的状态。更重要的是,他发现星系退行速度应该与它们到地球的距离成正比。这正是后来哈勃和赫马森所发现的哈勃定律。正因为如此,现在哈勃定律已经被改名为哈勃-勒梅特定律。

图 3.4 亚历山大·弗里德曼

勒梅特并没有就此止步。他尝试倒放宇宙膨胀的“电影”。如果宇宙真的在膨胀,那么过去的宇宙一定比现在的宇宙要小。随着时间的倒流,宇宙会越来越小,直到把所有的天体都挤进一个超小型的宇宙。勒梅特就把这个最初的超小型宇宙称为“原始原子”。

一些大质量的原子会发生放射性衰变,从而分裂成较小的原子,并向外发射粒子和能量。所以勒梅特猜想,原始原子也会发生放射性衰变;衰变所放出

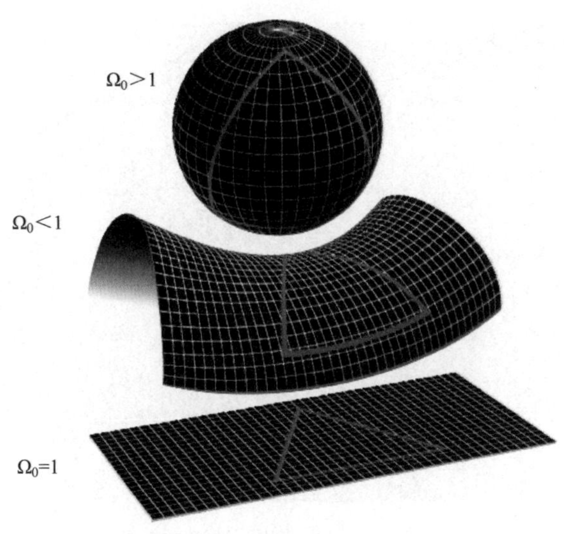

图 3.5　三种形状的宇宙

的能量推动了宇宙的膨胀，而衰变所产生的物质凝聚成了星系和恒星。

宇宙起源于一个原始原子的放射性衰变，这就是勒梅特提出的“原始原子假说”。它正是宇宙大爆炸理论的雏形。

图 3.6　乔治·伽莫夫

勒梅特的理论同样遭到了爱因斯坦的冷落。他做出了这样一个评价：“你的计算是正确的，但你的物理是可憎的。”

但短短两年之后，勒梅特就咸鱼翻身了。这是因为，哈勃和赫马森所发现的哈勃定律，竟然与勒梅特的理论预言完全一致。物理学界的态度立刻发生了180°的大转变。最后就连爱因斯坦都放弃了静态宇宙模型，宣称引入宇宙常数项是他“一生中最大的错误”。[①]

但是20世纪40年代初，俄裔美籍物理学家乔治·伽莫夫(图3.6)意识到，勒梅特的原始原子假说存在着一个很大的缺陷：它无法解释轻元素丰度问题。

① 但到了20世纪末，情况竟然再次发生反转。以今天的眼光来看，宇宙常数不但不是爱因斯坦的错误，反而有可能是他最伟大的洞见。

天文观测表明，宇宙中绝大多数的物质是氢和氦，两者质量之和能占宇宙中物质总质量的98%；而且，氢和氦的质量之比正好是3∶1。为什么氢和氦的质量之比正好是3∶1呢？这就是所谓的轻元素丰度问题。

当时的主流观点认为，氦元素是由发生在恒星中心区域的氢核聚变产生的。但是伽莫夫意识到，恒星氢核聚变过程产生氦的速度非常慢：大概要花270亿年，才能让氢和氦的质量之比达到3∶1。换言之，恒星氢核聚变并不是宇宙中最主要产生氦的方式。那么，宇宙中如此之多的氦，到底从何而来？

正是这个轻元素丰度问题，把伽莫夫的目光引向了宇宙起源之谜。

伽莫夫猜想，宇宙创生之初的极端高温，会把所有的物质结构都打碎。因此充斥在极早期宇宙中的，只能是一锅由质子、中子、电子和光子混合而成的“热汤”。伽莫夫把这锅热汤称为“伊伦(YLEM)”。①

需要强调的是，在这锅名为伊伦的热汤中，相对论性的光子处于绝对的主导地位。所以，此时的宇宙处于辐射为主的状态。随着宇宙的不断膨胀，伊伦的温度会不断降低。当宇宙温度降到某个临界值的时候，伊伦就会开启氢核聚变过程；而当宇宙温度继续降到另一个临界值的时候，伊伦就会终止氢核聚变过程。在此期间，宇宙就可以产生大量的氦。这个过程，就是所谓的原初核合成。

不过，要想算清楚原初核合成过程中发生的各种核反应，是一件极端复杂的事情。伽莫夫本人无法独自完成如此复杂的计算。直到1945年，事情才有转机。伽莫夫招收了一个非常有数学天赋的博士生，他叫拉尔夫·阿尔菲(图3.7)。

图3.7 拉尔夫·阿尔菲

伽莫夫和阿尔菲花了整整3年，终于完成了原初核合成的计算。最终的计算结果表明，在原初核合成的末期，差不多每10个氢原子核，能生成1个氦原

① YLEM是一个已被废弃的古英语单词，它的意思是“构成元素的原始物质”。

子核。这样一来，当原初核合成结束后，氢和氦的质量之比就会达到 3∶1。这意味着，宇宙大爆炸理论能够完美地解释轻元素丰度问题。

基于这个计算结果，伽莫夫和阿尔菲写了一篇名为《化学元素的起源》的论文。这篇论文于 1948 年 4 月 1 日，发表在了《物理评论》杂志上(图 3.8)。这是一篇很有愚人节特色的论文。因为伽莫夫把一个与此论文毫无关系的朋友(汉斯·贝特)，强行塞进了作者的列表，目的是让此文三个作者的名字，阿尔菲、贝特、伽莫夫，合起来能凑成 α、β、γ。因此，后人也把这篇愚人节论文称为 αβγ 论文，它后来成了宇宙学史上的一座丰碑。

PHYSICAL REVIEW VOLUME 73, NUMBER 7 APRIL 1, 1948

Letters to the Editor

PUBLICATION of brief reports of important discoveries in physics may be secured by addressing them to this department. The closing date for this department is five weeks prior to the date of issue. No proof will be sent to the authors. The Board of Editors does not hold itself responsible for the opinions expressed by the correspondents. Communications should not exceed 600 words in length.

The Origin of Chemical Elements

R. A. ALPHER*
Applied Physics Laboratory, The Johns Hopkins University, Silver Spring, Maryland
AND
H. BETHE
Cornell University, Ithaca, New York
AND
G. GAMOW
The George Washington University, Washington, D. C.
February 18, 1948

AS pointed out by one of us,[1] various nuclear species must have originated not as the result of an equilibrium corresponding to a certain temperature and density, but rather as a consequence of a continuous building-up process arrested by a rapid expansion and cooling of the primordial matter. According to this picture, we must imagine the early stage of matter as a highly compressed neutron gas (overheated neutral nuclear fluid) which started decaying into protons and electrons when the gas pressure fell down as the result of universal expansion. The radiative capture of the still remaining neutrons by the newly formed protons must have led first to the formation of deuterium nuclei, and the subsequent neutron captures resulted in the building up of heavier and heavier nuclei. It must be remembered that, due to the comparatively short time allowed for this process,[1] the building up of heavier nuclei must have proceeded just above the upper fringe of the stable elements (short-lived Fermi elements), and the present frequency distribution of various atomic species was attained only somewhat later as the result of adjustment of their electric charges by β-decay.

Thus the observed slope of the abundance curve must not be related to the temperature of the original neutron gas, but rather to the time period permitted by the expansion process. Also, the individual abundances of various nuclear species must depend not so much on their intrinsic stabilities (mass defects) as on the values of their neutron capture cross sections. The equations governing such a building-up process apparently can be written in the form:

$$\frac{dn_i}{dt}=f(t)(\sigma_{i-1}n_{i-1}-\sigma_i n_i) \quad i=1,2,\cdots 238, \tag{1}$$

where n_i and σ_i are the relative numbers and capture cross sections for the nuclei of atomic weight i, and where $f(t)$ is a factor characterizing the decrease of the density with time.

We may remark at first that the building-up process was apparently completed when the temperature of the neutron gas was still rather high, since otherwise the observed abundances would have been strongly affected by the resonances in the region of the slow neutrons. According to Hughes,[2] the neutron capture cross sections of various elements (for neutron energies of about 1 Mev) increase exponentially with atomic number halfway up the periodic system, remaining approximately constant for heavier elements.

Using these cross sections, one finds by integrating Eqs. (1) as shown in Fig. 1 that the relative abundances of various nuclear species decrease rapidly for the lighter elements and remain approximately constant for the elements heavier than silver. In order to fit the calculated curve with the observed abundances[3] it is necessary to assume the integral of $\rho_n dt$ during the building-up period is equal to 5×10^4 g sec./cm^3.

On the other hand, according to the relativistic theory of the expanding universe[4] the density dependence on time is given by $\rho\cong10^6/t^2$. Since the integral of this expression diverges at $t=0$, it is necessary to assume that the building-up process began at a certain time t_0, satisfying the relation:

$$\int_{t_0}^{\infty}(10^6/t^2)dt\cong5\times10^4, \tag{2}$$

which gives us $t_0\cong20$ sec. and $\rho_0\cong2.5\times10^5$ g sec./cm^3. This result may have two meanings: (a) for the higher densities existing prior to that time the temperature of the neutron gas was so high that no aggregation was taking place, (b) the density of the universe never exceeded the value 2.5×10^5 g sec./cm^3 which can possibly be understood if we

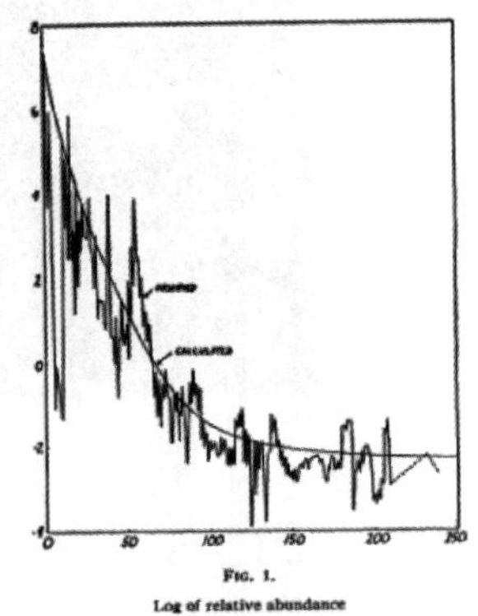

FIG. 1.
Log of relative abundance
Atomic weight

803

图 3.8　αβγ 论文

顺便多说一句。按照伽莫夫的本意,这个原初核合成的过程,其实就是宇宙大爆炸。不同于勒梅特的"原始原子假说",伽莫夫认为宇宙起源于极度高温的状态,所以他的理论就被后人称为"热大爆炸理论"。

3.2 原初核合成

3.1 节讲到,伽莫夫等为了解决轻元素丰度问题,提出了热大爆炸宇宙学理论。其中的核心内容是原初核合成。

原初核合成说的是,当宇宙温度处于一个特定的温度区间时,就存在着一个非常短暂的时间窗口,能够启动氢核聚变并且非常高效地合成新的化学元素。说得更具体一些,这个温度区间是 $10^9 \sim 10^{10}$ K,相应的时间窗口是宇宙诞生后的 1~200s。本节中,我们将定性介绍原初核合成的主要内容。

图 3.9 展示了原初核合成所涉及的完整的核反应过程。接下来,我们就结合这张图,来讲讲原初核合成期间到底发生了什么。

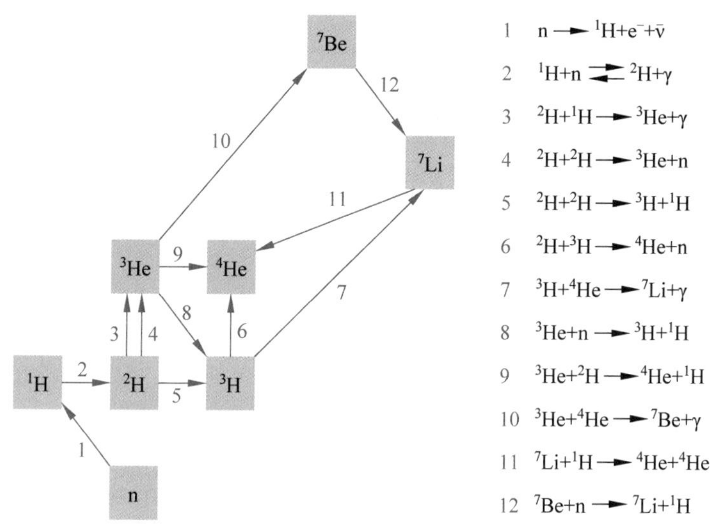

图 3.9 原初核合成的一系列核反应过程

之前介绍过,在极早期宇宙,充斥着一锅由质子、中子、电子和光子构成的热汤,即伽莫夫所说的伊伦。严格说来,这种说法有一点小小的问题。当宇宙温度高于 10^{10} K 的时候,伊伦中其实还有大量的反电子。反电子的存在导致质子(记作 p)和中子(记作 n)可以互相转化。

注意到氢原子核中只包含一个质子,而氦原子核中包含两个质子和两个中子。这意味着，宇宙中质子和中子的数量之比，将决定最终的氢元素和氦元素的丰度。当宇宙温度高于 10^{10}K 的时候，质子和中子可以互相转化，它们的数量之比也无法确定。这样一来，原初核合成过程就无法启动了。

当温度低于 10^{10}K 后，电子与反电子会大量地互相湮灭。如此一来，质子就无法再转化成中子了。原初核合成过程也随之而启动。

注意到中子和质子的静止质量有差异，即 $m_n - m_p \approx 1.3\text{MeV}/c^2$。当原初核合成过程启动时(此时的宇宙温度为 10^{10}K)，中子数密度 n_n 和质子数密度 n_p 间的比值由玻尔兹曼公式给出，即$\frac{n_n}{n_p} \approx \exp\left[-\frac{(m_n - m_p)c^2}{k_B T}\right] \approx \frac{1}{6}$。

但是，这并不是质子和中子最终的数量之比。原因在于，虽然质子已经无法再转化成中子，但是中子还可以继续衰变成质子。这就是图 3.9 中展示的第 1 个核反应：

$$n \longrightarrow {}^1H + e^- + \bar{\nu}_e \tag{3.1}$$

也就是说，一个中子 n 可以放出一个电子 e^- 和一个反电子型中微子 $\bar{\nu}_e$，然后变成一个质子(即氢原子核 ${}^1H$)。正是通过这个核反应，在原初核合成结束的时候，中子和质子的数量之比将变为$\frac{n_n}{n_p} \approx \frac{1}{7}$。

原初核合成的重头戏是氢核聚变。氢核聚变就是以质子和中子为原料，通过一系列的核反应，最终合成氦原子核的过程。氢核聚变过程主要对应于图 3.9 中的第 2、3、4、5、6、9 个核反应(其中的 γ 代表光子)：

$$ {}^1H + n \longleftrightarrow {}^2H + \gamma \tag{3.2}$$

$$ {}^2H + {}^1H \longrightarrow {}^3He + \gamma \tag{3.3}$$

$$ {}^2H + {}^2H \longrightarrow {}^3He + n \tag{3.4}$$

$$ {}^2H + {}^2H \longrightarrow {}^3H + {}^1H \tag{3.5}$$

$$ {}^2H + {}^3H \longrightarrow {}^4He + n \tag{3.6}$$

$$ {}^3He + {}^2H \longrightarrow {}^4He + {}^1H \tag{3.7}$$

其中的要点在于，每次核反应都会产生让核子数增加 1 的新核：先产生核子数为 2 的 ${}^2H$，再产生核子数为 3 的 ${}^3H$ 和 ${}^3He$，最后产生核子数为 4 的 ${}^4He$，即氦原子核①。

---

① 伽莫夫曾认为，这种每次让核子数增加 1 的方式，可以产生宇宙中所有的化学元素。但事实证明，此路不通。原因在于，自然界中根本不存在核子数为 5 和 8 的稳定原子核，这直接导致碳元素无法合成。

在氢核聚变的过程中，最关键的一步是形成^2H，即包含一个质子和一个中子的氘核。这是因为氘的结合能很小，只有 2.23MeV。如果宇宙温度不降低到10^9K 以下，即使氘核能够形成，也会被高能光子打碎。因此，式(3.2)的核反应其实是双向的。只有当宇宙温度降低到10^9K(对应于宇宙诞生后的 200s)以后，光子的能量才不足以继续打碎氘核，然后^2H才可以形成并稳定存在。一旦^2H形成并稳定存在，后续的一系列核反应就能在瞬间完成，原初核合成过程也随即终止。

所以，原初核合成过程只能发生在$10^9 \sim 10^{10}$K 的温度区间内，对应的时间窗口是宇宙诞生后的 1～200s。

接下来，我们计算原初核合成结束时的氢元素和氦元素的丰度。氢原子核(即^1H)中只有一个质子，而氦原子核(即^4He)中有两个质子和两个中子。因此，氢核的数量就是氦核之外的自由质子数，即 $n_p - n_n$。氢丰度 A_H 定义为氢的质量与总质量之比。如果忽略中子和质子静止质量的微小差异，则

$$A_H = \frac{n_p - n_n}{n_p + n_n} \tag{3.8}$$

如果忽略其他化学元素的丰度，并且注意到原初核合成结束时中子和质子的数量之比为$\frac{n_n}{n_p} \approx \frac{1}{7}$，则最终的氦丰度 A_{He} 为

$$A_{He} = 1 - A_H = \frac{2n_n/n_p}{1 + n_n/n_p} \approx 0.25 \tag{3.9}$$

这个结果与天文观测值高度吻合。这意味着，热大爆炸理论确实能够很好地解决轻元素丰度问题。

不过，氦元素的合成并不是原初核合成的终点。在此阶段的后期，还会出现其他的核反应，即图 3.9 中的第 7、10、11、12 个核反应：

$$^3H + ^4He \longrightarrow ^7Li + \gamma \tag{3.10}$$

$$^3He + ^4He \longrightarrow ^7Be + \gamma \tag{3.11}$$

$$^7Li + ^1H \longrightarrow ^4He + ^4He \tag{3.12}$$

$$^7Be + n \longrightarrow ^7Li + ^1H \tag{3.13}$$

此过程涉及化学元素周期表的第 3 号和第 4 号元素，即锂^7Li和铍^7Be。不过，^7Be极不稳定，会迅速转变成^7Li。^7Li虽然也不稳定，会衰变成^4He，但不会像^7Be那样全部衰变掉。所以最终的结果，原初核合成也能产生少量的锂元素，其丰度也与目前的天文观测吻合。

需要指出的是，锂丰度非常低，不会引起进一步的核聚变。因此，原初核合成阶段的主要产物就是化学元素周期表中的前 3 种元素：氢、氦、锂。更重的元

素要等到宇宙演化晚期,由恒星内部核聚变、超新星爆发和致密星并合产生。图 3.10 就展示了各种元素丰度随时间的演化。

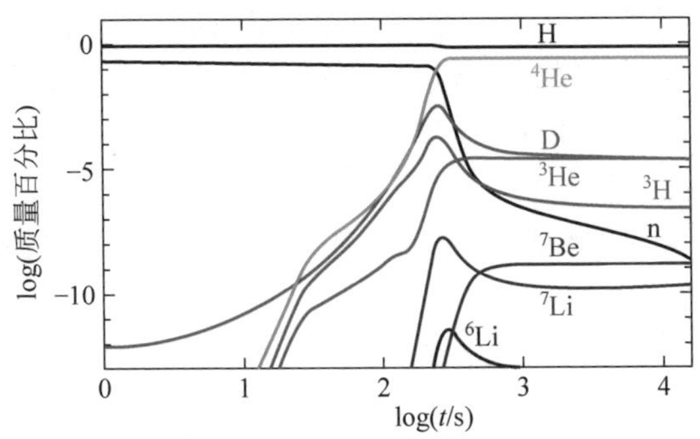

图 3.10　各种元素丰度随时间的演化

3.3　宇宙演化简史

3.2 节我们介绍了原初核合成的基本内容。在宇宙创生后的 1s～3min 的时间内,中子和质子通过一系列的核反应,合成了氢、氦、锂,从而完成了宇宙轻元素的合成。本节中,我们将结合前一章和本章的内容,呈现一部关于宇宙创生的电影(图 3.11)。

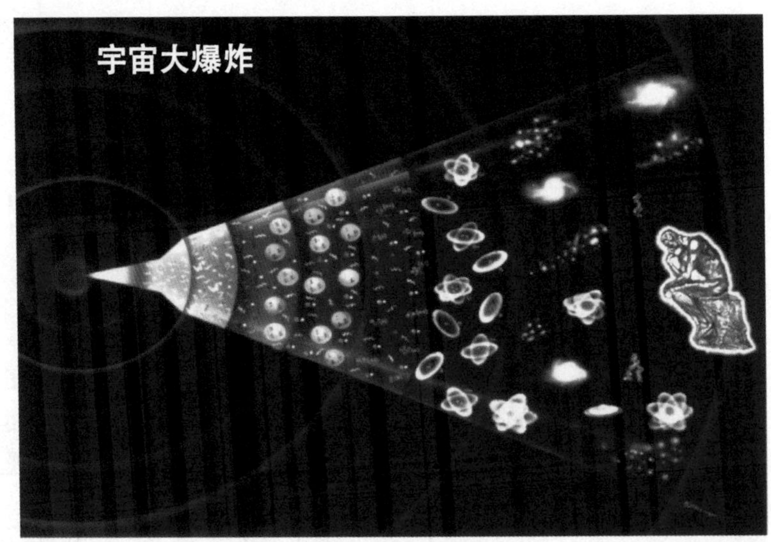

图 3.11　宇宙演化简史

在138亿年前的某个时刻，宇宙诞生。在此之前，没有时间、空间和物质，唯一存在的是真空。它并非一无所有的虚空，而是充满量子涨落、蕴含巨大能量的真空。诞生的那一刻，宇宙的体积为零，密度为无穷大，这就是所谓的宇宙奇点。目前，人类对宇宙奇点还一无所知。

诞生后 $0\sim10^{-43}$s，宇宙处于普朗克时期。在此期间，自然界中的4种基本力——引力、电磁力、强核力和弱核力，都还属于同一种力，即超力(superforce)。到了 10^{-43}s，宇宙温度下降到 10^{32}K，此时发生第一次宇宙相变①，让引力从超力中分离出来。一般认为，要想准确地描述普朗克时期的物理，需要完整的量子引力理论。但时至今日，量子引力理论依然没有在真正意义上建立起来。因此，本书并没有从普朗克时期开篇，而是把下一阶段的暴胀作为这场宇宙时间之旅的起点。

诞生后 $10^{-43}\sim10^{-35}$s，宇宙处于暴胀时期。在此期间，状态方程为 $-1<\omega<-1/3$ 的暴胀子，推动了整个宇宙的加速膨胀，从而一举解决了平坦性问题和视界问题。需要特别指出的是，这个推动了极早期宇宙加速膨胀的暴胀，很可能仅仅是一个无比宏大、永不终结的永恒暴胀的一个小小的组成部分。这个永恒暴胀能制造许许多多的宇宙(有可能是 $10^{100}\sim10^{1000}$ 个)，我们所处的宇宙仅仅是其中的一个。这段时期的另一件大事是发生了第二次宇宙相变，让强核力也从超力中分离出来。到了 10^{-35}s，宇宙脱离假真空，暴胀也随之终止。暴胀让宇宙温度急剧下降。但随后，经过重加热的过程，暴胀子的能量转变为辐射的能量，让宇宙再次处于极度高温的状态。

诞生后 $10^{-35}\sim10^{-10}$s，宇宙处于自由夸克时期。此时，宇宙已进入辐射为主的阶段。此外，宇宙中充斥着各种正反物质，主要是夸克、反夸克、电子和反电子。随着温度的下降，正反物质会发生湮灭②。基于某种原因，宇宙中正物质粒子的数量比反物质粒子要多十亿分之一。等正反物质互相湮灭后，这多出来的十亿分之一的物质，就逐渐演化成了我们今天看到的宇宙。到了 10^{-10}s，宇宙温度下降到 10^{15}K，此时发生了弱电相变，弱核力和电磁力也分离开来。

诞生后 $10^{-10}\sim1$s，宇宙处于核子形成时期。在此期间，夸克互相结合，产生质子和中子。这就是伽莫夫等设想的那锅由质子、中子、电子、光子混合而成，名为伊伦的热汤。到了1s的时候，宇宙温度下降到 10^{10}K，随即启动原初核

---

① 相变是指在某种临界条件下，物体从一种状态突变到另一种状态的现象，例如温度降到0℃时的水变冰。

② 一个正物质粒子与它的反物质粒子相撞后，会一起消失，并发出两个光子。这个现象就是湮灭。

合成过程。

诞生后 1～200s，宇宙处于原初核合成时期。按照伽莫夫等所写的 αβγ 论文的原意，原初核合成就等同于宇宙大爆炸。在此期间，由质子、中子、电子、光子混合而成的热汤一直在进行核聚变反应。到了 200s 后，核聚变终止。此时宇宙中产生了氢、氦、锂，且氢和氦的质量之比达到 3∶1。这就解决了天文观测发现的轻元素丰度问题。

以上就是宇宙创生最初 200s 内发生的故事。原初核合成结束后，宇宙依然处于辐射统治阶段。那么，这个辐射统治阶段是什么时候结束的呢？下面我们来具体计算一下。

可以把膨胀中的宇宙视为一个绝热系统，那么它一定满足热力学第一定律：

$$\mathrm{d}E + p\,\mathrm{d}V = 0 \tag{3.14}$$

其中能量 $E = Mc^2 = \rho V c^2$，而体积 $V \propto a^3(t)$。代入式(3.14)可得

$$\frac{\mathrm{d}}{\mathrm{d}t}(\rho a^3) + \frac{p}{c^2}\frac{\mathrm{d}}{\mathrm{d}t}(a^3) = 0 \tag{3.15}$$

如果宇宙由辐射主导，此时有 $p_{\mathrm{r}} = \frac{c^2}{3}\rho_{\mathrm{r}}$，由式(3.15)可得

$$\frac{1}{a}\frac{\mathrm{d}}{\mathrm{d}t}(\rho_{\mathrm{r}} a^4) = 0 \Rightarrow \rho_{\mathrm{r}} = \rho_{\mathrm{ro}}\left[\frac{a_0}{a(t)}\right]^4 = \rho_{\mathrm{ro}}(1+z)^4 \tag{3.16}$$

如果宇宙由物质主导，则可以认为非相对论性物质没有压强，即 $p_{\mathrm{m}} = 0$，由式(3.15)可得

$$\frac{\mathrm{d}}{\mathrm{d}t}(\rho_{\mathrm{m}} a^3) = 0 \Rightarrow \rho_{\mathrm{m}} = \rho_{\mathrm{mo}}\left[\frac{a_0}{a(t)}\right]^3 = \rho_{\mathrm{mo}}(1+z)^3 \tag{3.17}$$

注意，红移 $z=0$ 对应于现在，而 $z=\infty$ 对应于宇宙创生时刻。在一个特定的红移 z_{eq} 处，宇宙完成了由辐射统治阶段向物质统治阶段的过渡，则

$$\rho_{\mathrm{r}}(z_{\mathrm{eq}}) = \rho_{\mathrm{m}}(z_{\mathrm{eq}}) \Rightarrow z_{\mathrm{eq}} = \frac{\rho_{\mathrm{mo}}}{\rho_{\mathrm{ro}}} - 1 \tag{3.18}$$

根据普朗克卫星最新的观测结果，$z_{\mathrm{eq}} \approx 3400$。类比于式(1.14)，可以算出此时的宇宙年龄

$$t_{\mathrm{eq}} = \frac{1}{H_0}\int_{z_{\mathrm{eq}}}^{\infty} \frac{\mathrm{d}z}{(1+z)\sqrt{\Omega_{\mathrm{r0}}(1+z)^{-4} + \Omega_{\mathrm{m0}}(1+z)^{-3} + \Omega_{\mathrm{k0}}(1+z)^{-2} + \Omega_{\mathrm{de0}}X(z)}}$$

$$\approx 10^4\ \text{年} \tag{3.19}$$

也就是说，在诞生大概 1 万年后，宇宙进入了物质为主的阶段。

3.4 正反物质不对称

在 3.3 节中，我们介绍了宇宙创生最初 3min 的演化简史。可能有些读者会认为，这场面实在过于玄幻：你怎么可能知道宇宙创生之初到底发生了什么，而且时间还能精确到秒。答案其实很简单：这是高能物理知识在宇宙学上的应用。

可以证明，在辐射为主的阶段，宇宙温度 T 与尺度因子 a 成反比；此外，时间 t 又与尺度因子 a 的平方成正比。这样一来，就有

$$T \propto a^{-1} \propto t^{-1/2} \tag{3.20}$$

这意味着，在早期宇宙，温度 T 和时间 t 存在着一一对应的关系：只要知道了一个具体的时间，就可以算出此时间所对应的温度。

一旦知道了温度，高能物理知识就能派上用场了。因为在过去的 100 年间，物理学家们已经借助一系列的高能物理实验(例如各种粒子对撞机实验)，弄清了在能量极高的情况下，不同温度所对应的微观世界的不同现象。借助温度，把这些物理现象与宇宙时间一一对应，就得到了我们 3.3 节所介绍的宇宙创生最初 3min 的演化简史。因此，热大爆炸理论看似玄妙，其实有着非常坚实的高能物理基础。

不过在这段极早期宇宙演化简史中，还隐藏着一个困扰宇宙学界多年的疑难问题：物质和反物质粒子的数量为何不同?

我们目前看到的所有天体，全都是由原子核带正电、电子带负电的物质构成，而不是由原子核带负电、电子带正电的反物质构成。

那么宇宙中是否存在反物质呢? 科学家已经做了一些实验来进行检验。其中最有名的是 1998 年发射上天的 α 磁谱仪(图 3.12)。

α 磁谱仪探测反物质的原理很简单：带电粒子在磁场中运动时，会受到洛伦兹力作用而发生偏转。由于正反物质所带电荷符号不同，两者在磁场中的偏转轨道也会不同。这样一来，就可以把正反物质分开了。

如果在宇宙深处有反物质星系，从该星系逃逸出来的反原子核就有可能跑到地球周围，并被 α 磁谱仪接收到。不过，只接收到反氢核(即反质子)是没有用的。因为高能宇宙线粒子与地球大气层分子碰撞后也能产生反氢核。因此，要想证明反物质星系的存在，至少要接收到反氦核。

时至今日，α 磁谱仪已经上天 20 多年了，但是依然没有发现反氦核。换句话说，α 磁谱仪并未发现反物质星系的存在。这意味着，宇宙中的正反物质存在着严重的不对称。

图 3.12　α 磁谱仪

我们在 3.3 节中讲过，在诞生后 10^{-35}～10^{-10}s，宇宙中发生了一件大事，即正反物质湮灭：一个正物质粒子与其反物质粒子相撞后一起消失，并发出两个光子。今天的宇宙存在着正反物质不对称，说明在正反物质湮灭之前，宇宙中正物质粒子的数量比反物质粒子多(大概多出了 10 亿分之一的量级)。那么，为什么正物质粒子会比反物质粒子多呢？这就是著名的正反物质不对称疑难。

对于正反物质不对称疑难，有两种解释：①早在宇宙创生之初，正反物质就是不对称的；②宇宙创生之初正反物质是对称的，后来由于某种物理机制，导致正反粒子数出现了微小的差异。

对理论学家来说，第一种解释是很难让人接受的。因为它意味着，我们的宇宙极其特殊，其初始条件必须经过精挑细选。

至于第二种解释，也面临着一个巨大的障碍，即重子数守恒定律。重子是质子、中子和其他更重的强相互作用费米子的统称。任何一个重子(如质子、中子)的重子数都是 1，任何一个反重子(如反质子、反中子)的重子数都是 −1，而其他粒子(如轻子、介子)的重子数为 0。重子数守恒定律说的是，在任何过程前后，整个系统的总重子数要保持不变(例如正反物质湮灭)。如果重子数守恒定律是对的，那么原本对称的正反物质就不可能演变成不对称的状态。

不过，重子数守恒定律的成立依赖于一个先决条件：最轻的重子(质子)必须是稳定的。如果连质子都可以发生衰变，那么重子数守恒定律就可以被打破。

那么，是否有能实现质子衰变的物理理论呢？答案是肯定的。这就是所谓的大统一理论。

大统一理论的核心思想是，强相互作用、弱相互作用和电磁相互作用本质上是同一种相互作用力。在宇宙诞生之初，温度极高的情况下，这三种相互作用力并没有什么区别。随着宇宙温度的降低，强相互作用率先分离出来；随后，弱相互作用和电磁相互作用也发生分离。如果大统一理论是对的，那么正反物质不对称疑难就可以被破解。

大统一理论最核心的预言就是质子衰变。最简单的 SU(5)大统一模型认为，质子的寿命约为 10^{31} 年。在 20 世纪 80 年代初，涌现了一批探测质子衰变的大型实验项目，其中最有名的是一个东京大学团队所主持的神冈核子衰变实验。

实验地点位于日本神冈町一个地下 1000m 深的废弃矿井中。矿井中有一个高 16m、直径 15.6m 的圆柱形大水池，里面灌了 3000t 的纯水(图 3.13)。水池边还有 1000 多个直径 20in① 的光电倍增管，用来放大和接收质子衰变发出的信号。

图 3.13 神冈核子衰变实验装置

神冈核子衰变实验的核心思想是：概率不够，数量来凑。虽然大统一理论预言质子的寿命是 10^{31} 年，已经远远超过宇宙的年龄，但是这一大池水中大概

① 1in=2.54cm。

有 10^{33} 个质子。所以在正常情况下，这一大池水中一定会有质子发生衰变，产生高速运动的带电粒子，进而产生切伦科夫辐射。只要产生了切伦科夫辐射，就可以被那 1000 多个光电倍增管捕捉到。

过去的 40 年间，这个位于日本神冈町的大型实验项目经历了多轮升级改造。时至今日，它依然没有发现质子衰变的迹象，说明最简单的 SU(5)大统一模型并不靠谱。就算质子真的能衰变，其寿命也会远超 10^{33} 年。①

总结一下。理论学家们普遍相信，在宇宙创生之初，正反物质应该是对称的；后来由于某种物理机制，才导致正反粒子数出现了微小的差异。这种解释所面临的最大理论困难是重子数守恒定律。打破重子数守恒定律的关键，是让质子能衰变。虽然大统一理论确实预言了质子的衰变，但是目前并没有找到任何实验证据。所以直到今天，大统一理论依然没有被纳入粒子物理的标准模型，正反物质不对称依然是一个悬而未决的问题。

3.5 稳恒态宇宙

我们已经介绍了伽莫夫等提出的宇宙大爆炸理论。时至今日，它已经成为关于宇宙起源的最主流理论，同时也是在公众中知名度最高的科学理论之一。但是在刚提出的时候，宇宙大爆炸理论却遭遇了一个非常严峻的挑战，即宇宙年龄危机。

当时，人们并不知道暗能量的存在。忽略暗能量和空间曲率，宇宙年龄可以表示为

$$t=\frac{1}{H_0}\int_0^{\infty}\frac{\mathrm{d}z}{(1+z)\sqrt{\Omega_{\mathrm{r0}}(1+z)^{-4}+\Omega_{\mathrm{m0}}(1+z)^{-3}}} \tag{3.21}$$

很明显，宇宙年龄 t 高度依赖于哈勃常数 H_0 的大小。当时，哈勃给出了一个大到离谱的哈勃常数观测值 $H_0=500\mathrm{km/(s\cdot Mpc)}$。② 如果把这个哈勃常数代入式(3.21)，会算出宇宙年龄只有区区十几亿年，比一大堆恒星的年龄都小。这显然是非常荒谬的。这就是宇宙年龄危机。

这样一来，人们就不得不面对一个左右为难的局面。哈勃-勒梅特定律的发现，揭示了宇宙正在不断膨胀；将时间反演，这意味着宇宙会有一个起点。但

---

① 有心栽花花不开，无心插柳柳成荫。利用这个位于日本神冈町的实验装置，东京大学实验团队在中微子探测领域做出了里程碑式的贡献，从而两次获得诺贝尔物理学奖。

② 哈勃之所以会犯这个错误，是因为他没有意识到不同星族的造父变星有着不同的周光关系。

宇宙年龄危机表明,宇宙诞生至今只有区区十几亿年,远小于宇宙的实际年龄。这显然是荒谬的。

为了破解这个困局,三个英国科学家,弗雷德·霍伊尔、赫尔曼·邦迪和托马斯·戈尔德,提出了一个新的宇宙学理论。这个理论后来成了宇宙大爆炸理论的"劲敌"。它就是稳恒态宇宙理论。

稳恒态宇宙理论认为,宇宙无始无终,并一直处于不断膨胀的状态。这是怎么实现的呢? 图 3.14 就展示了稳恒态宇宙和大爆炸宇宙最核心的差异。

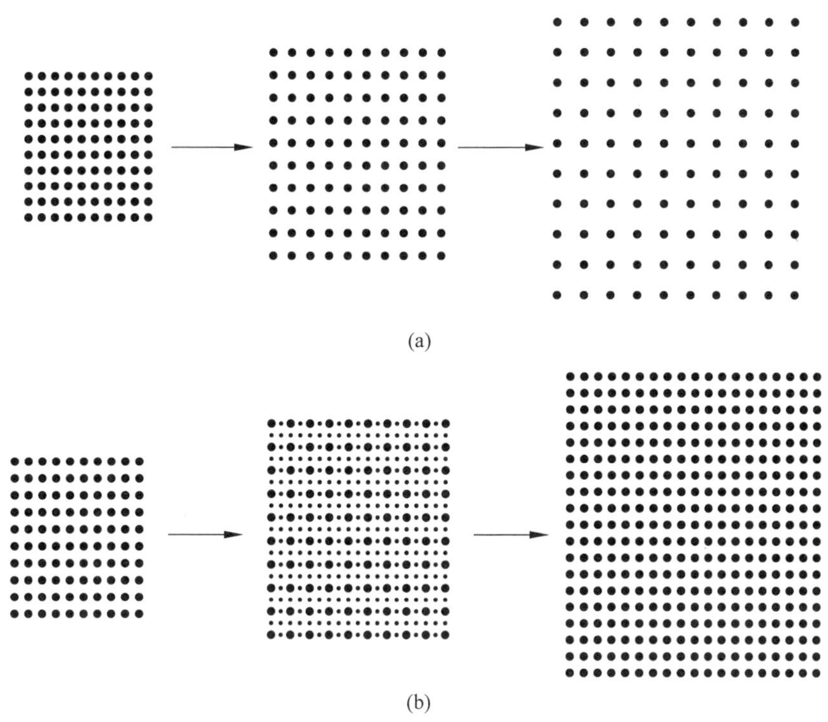

(a)

(b)

图 3.14 稳恒态宇宙和大爆炸宇宙的核心差异
(a) 大爆炸宇宙;(b) 稳恒态宇宙

在大爆炸宇宙中,宇宙会随时间不断膨胀,这导致星系间的距离不断增大;若将时间反演,所有的星系都将汇聚到一点,所以大爆炸宇宙中才会有一个起点。

在稳恒态宇宙中,宇宙同样会随时间不断膨胀。但是,星系间的距离并不会增大。这是因为,在原本空旷的空间区域里,会有新的星系不断产生,从而填补宇宙膨胀所造成的空白。再假设宇宙无边无际,星系间的距离不变就意味着宇宙从整体上看始终保持恒定不变的状态。这样一来，不管怎么反演时间，也无法把所有的星系都汇聚到一点。因此，就不会再有宇宙起点，自然也不会有宇宙年龄危机了。

因此，稳恒态宇宙理论的关键在于，要能从真空中持续不断地产生新的物质，进而形成新的星系。要特别强调的是，在稳恒态宇宙理论中，需要产生的物质并不多：在和天安门广场一样大的空间范围内，每个世纪只要产生一个原子就够了。因此，尽管从真空中不断产生物质的要求看起来颇为诡异，这个稳恒态宇宙理论的核心要求几乎不可能被天文观测所证伪。

能解释宇宙膨胀，又不受宇宙年龄危机困扰，所以很长一段时间里，稳恒态宇宙理论一直在与宇宙大爆炸理论的竞争中占据上风。但是到了 20 世纪 60 年代中叶，一个历史性的重大天文发现却让这两个宇宙起源理论的地位发生了 180°的大反转。这个重大天文发现，就是我们下一章要介绍的宇宙微波背景。

参考文献

[1] ALPHER R A，BETHE H，GAMOW G. The origin of chemical elements[J]. Phys. Rev.，1948，73：803.

[2] ALPHER R A，HERMAN R C. Theory of the origin and relative abundance distribution of the elements[J]. Rev. Mod. Phys.，1950，22：153.

[3] BURBIDGE E M，BURBIDGE G R，FOWLER W A，et al. Synthesis of the elements in stars[J]. Rev. Mod. Phys.，1957，29：547.

[4] CYBURT R H，FIELDS B D，OLIVE K A，et al. Big bang nucleosynthesis：present status[J]. Rev. Mod. Phys.，2016，88：015004.

[5] BAUMANN D. Cosmology[M]. Cambridge：Cambridge University Press，2022.

4 宇宙微波背景

终结大爆炸宇宙和稳恒态宇宙之争的，是被称为“20 世纪 60 年代四大天文发现”之一的宇宙微波背景(cosmic microwave background，CMB)的发现。在本章中，我们将简述人类发现 CMB 的历史，并介绍一些关于 CMB 的最核心的知识。

4.1 CMB 的发现

第 3 章讲到，伽莫夫和阿尔菲在 1948 年的一篇愚人节论文中，提出了著名的宇宙大爆炸理论。为了便于理解，你可以把刚刚创生的宇宙想象成一个“火球”，里面混合着质子、中子、电子和光子。随着时间的推移，“火球”不断向外膨胀，导致其内部温度不断降低，进而引发原初核合成，产生氦、锂原子核，最终演变成今天的样子。

那么问题来了：怎么才能验证这个宇宙大爆炸理论是否正确呢？答案是，要找到可以被天文观测检验的理论预言。

1950 年，阿尔菲和他的同事罗伯特·赫尔曼(图 4.1)发现，这个大爆炸的“火球”其实留下了能够被天文观测看到的“遗迹”，那就是这个“火球”的光子。由于宇宙的不断膨胀，这些光子的波长已经被拉长到微波波段，所以被称为宇宙微波背景。宇宙大爆炸必然会导致 CMB 的存在。所以说，CMB 就是宇宙大爆炸理论最重要的理论预言。

阿尔菲和赫尔曼还估算了 CMB 的温度，算出来的结果大概是 5K。[①] 但是阿尔菲和赫尔曼的研究起了反作用，反而为霍伊尔攻击宇宙大爆炸理论提供了口实。霍伊尔指出，早在 1941 年，加拿大天文学家安德鲁·麦克拉就通过测量恒星光谱中的 CN 吸收线，推算出银河系中的星际气体的温度大约是 2.3K，这

---

① 由于当时的宇宙学参数都只有量级估计，所以这个结果并不等于今天我们知道的 CMB 温度 2.73K。

图 4.1　阿尔菲(左)和赫尔曼(右)

显著低于阿尔菲和赫尔曼算出来的 5K。银河系的温度显著低于宇宙的背景温度,这当然是不合理的。所以,阿尔菲和赫尔曼的研究并未引起学术界多大兴趣,很快就被人们所遗忘。热大爆炸宇宙学也陷入了长达十多年的低潮期。

十多年后,美国物理学家罗伯特·迪克(图 4.2)的出现才打破僵局。当时,他与卡尔·布兰斯合作,提出了著名的布兰斯-迪克(Brans-Dicke)理论。这是一种全新的引力理论,想要取代爱因斯坦的广义相对论。此后,迪克一直致力于在实验上把广义相对论和布兰斯-迪克理论区分开来。20 世纪 60 年代,他开始考虑通过测量 CMB 来检验布兰斯-迪克理论。

图 4.2　罗伯特·迪克

为此，迪克在普林斯顿大学建立了一个研究团队。1964 年，他和自己的博士生詹姆斯·皮布尔斯(图 4.3)合写了一篇论文，预言宇宙大爆炸必然会产生 CMB。

图 4.3 詹姆斯·皮布尔斯

同样在 1964 年，两个贝尔实验室的工程师阿诺·彭齐亚斯和罗伯特·威尔逊(图 4.4)，在调试一个用于和卫星通信的射电望远镜时，发现有一个温度为 (3.5±1)K 的本底辐射。为了去除这个本底辐射，他们对这个射电望远镜进行了一番大扫除，发现其内部居然有一窝鸽子。但是把鸽子赶走之后，那个本底辐射却依然存在。后来由于一个偶然的机会，彭齐亚斯看到了迪克与皮布尔斯合写的那篇论文，这才意识到，让他们困惑不已的那个本底辐射，竟然是一个足以改写现代物理学史的重大发现。

1965 年，彭齐亚斯和威尔逊，以及迪克团队，各自在《天体物理学杂志》上发表了一篇论文。彭齐亚斯和威尔逊的论文，报告了他们发现的来自宇宙各个方向的本底辐射①。而迪克等的论文，则论证了这个本底辐射正是宇宙大爆炸的遗迹，即 CMB。

CMB 的发现终结了大爆炸宇宙和稳恒态宇宙之争。从那以后，热大爆炸宇宙学登堂入室，成了一门真正意义上的现代科学。由于发现了 CMB，彭齐亚斯和威尔逊获得了 1978 年诺贝尔物理学奖。

---

① 为了文雅起见，他们在论文中把“白色鸽子屎”改称为“白色介电物质”。

图 4.4　阿诺·彭齐亚斯(左)和罗伯特·威尔逊(右)

发现 CMB 之后,物理学家们很快意识到 CMB 在各个方向上的温度的微小起伏,包含了宇宙初始条件的重要信息。20 世纪 80 年代,物理学家们借助计算机,对 CMB 的各个方向的温度起伏的功率谱(傅里叶变换的模平方的统计期待值)进行了理论计算。1990 年,宇宙背景探测者(COBE)卫星测到了 CMB 几乎完美的黑体谱,并验证了理论预言的约万分之一开量级的 CMB 各向温度起伏(图 4.5)。

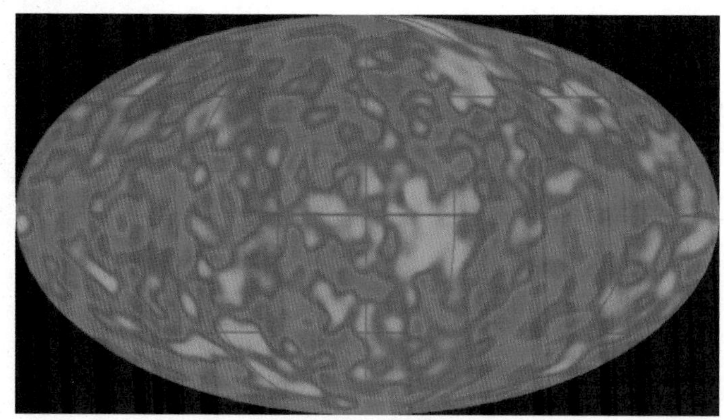

图 4.5　COBE 卫星发现的 CMB 各向温度起伏

对于 CMB 实验,一个最核心的指标是角分辨率。

做个类比。如果我们按从低角分辨率到高角分辨率的顺序,来看地球表面的高低起伏,会发现不同的角分辨率大致会对应不同的物理现象:地球整体偏离球体的形状,与地球自转、月球潮汐作用等因素相关;地球表面的陆地和海洋分布,与大陆板块运动、地球内部物理等因素相关;陆地上的山川河流分布,与局域板块运动、风力、降水等因素相关;山上的植被分布,与阳光、气候等因素相关。

CMB 的情况也是类似:如果我们在不同的角分辨率下看 CMB 在各个方向上的微小的温度起伏,同样能挖掘出从暴胀时期至今的各种物理过程的大量信息。迄今为止,以 COBE 卫星,威尔金森微波各向异性探测器(WMAP)卫星和普朗克(Planck)卫星为代表的三代 CMB 观测实验,实际上就是在角分辨率上的不断推进:从 COBE 卫星的几度的角分辨率,到 WMAP 的几十角秒的角分辨率,再到普朗克卫星的几角秒的角分辨率(图 4.6)。基于这些 CMB 卫星,我们获得了关于宇宙(特别是早期宇宙)的越来越详细的信息。宇宙学的大部分参数,包括暗物质、暗能量的密度占比,都被测量到了很高的精度;CMB 数据和单标量场暴胀模型的预言高度吻合,有力地支持了暴胀理论;CMB 数据确定的宇宙重子丰度和原初核合成模型给出的重子丰度高度吻合,体现了大爆炸理论的自洽性;在 ΛCDM 模型框架下,CMB 数据给出了迄今为止对三代中微子质量总和的最佳限制,为粒子物理的前沿研究带来十分重要的启示。

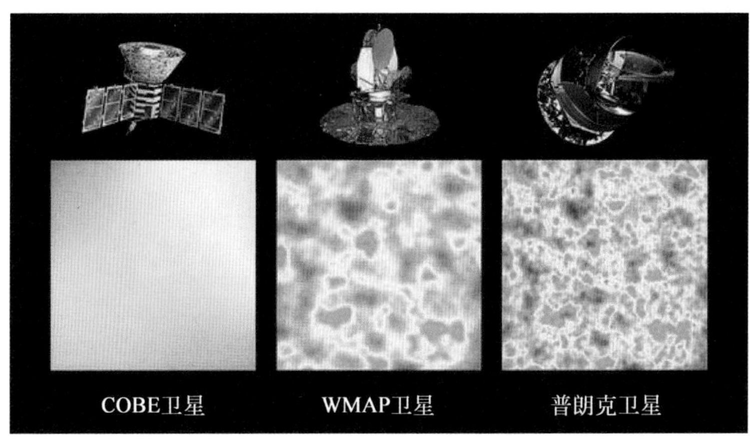

图 4.6 三代 CMB 卫星的角分辨率对比

4.2 CMB的产生

之前讲过，CMB是大爆炸宇宙遗留下来的、来自宇宙各个方向的光子。那么为什么观测到的CMB是几乎各向同性的黑体谱辐射？简单地说，这是因为CMB反映了早期宇宙的特征，而早期宇宙非常均匀、各向同性，且非常接近热平衡。不过，这样解释稍显粗浅，我们需要探究一下CMB形成的具体过程。

按照宇宙大爆炸理论，宇宙极早期的元素（主要是氢和氦）都在高温下被电离为等离子体。宇宙的辐射成分（即光子气体）和重子物质（等离子形式下的各种元素）通过电子-光子散射以及电子-原子核的库仑相互作用强耦合在一起达到近似热平衡，形成光子-重子流体。随着宇宙的膨胀，光子的温度降到低于某个点时，没有足够多的高能光子把原子电离，原子核就能俘获自由电子形成稳定的中性原子。元素由等离子状态变为中性原子状态的过程，称为该元素的再复合（recombination）（图4.7）。需要注意的是，这个约定俗成的名字中的"再"字并无实际意义，因为在此之前自由电子和原子核从未稳定地结合过。

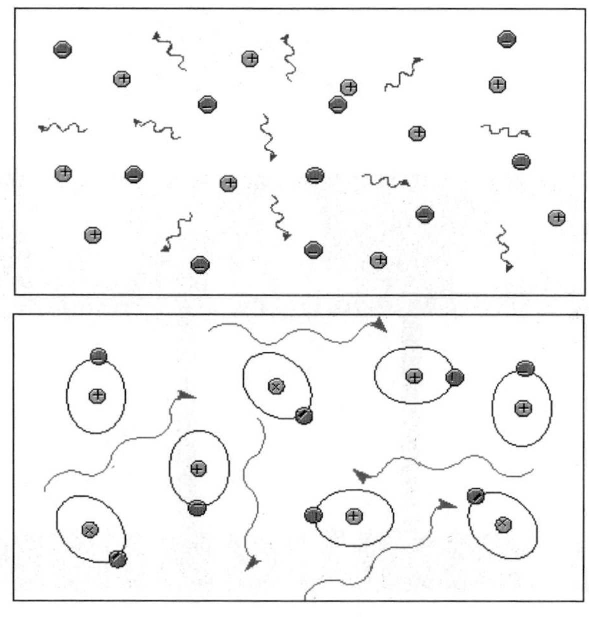

图4.7　元素的再复合

当氢的再复合完成时，宇宙中的绝大多数自由电子都消失了，宇宙突然变得透明，即光子可以在宇宙中游走而几乎不会被自由电子散射。事实上，光子的平均自由程（光子两次相邻碰撞之间传播的平均距离）变得如此之大，以至于今天我们在地球附近接收到的绝大多数 CMB 光子在氢再复合之后就再也没有被电子散射过。也就是说，CMB 光子的最后一次散射几乎都发生在宇宙突然变得透明的这一时刻附近。这个划分不透明宇宙和透明宇宙的边界，就是所谓的最后散射面（图 4.8）。CMB 其实就是宇宙在最后散射面附近的照片。

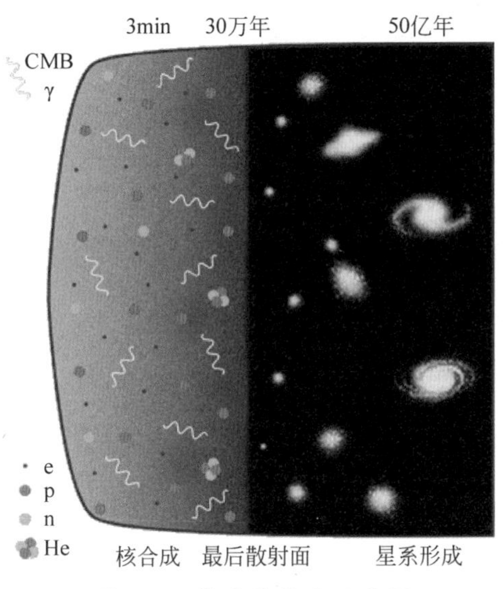

图 4.8　最后散射面示意图

在氢的再复合之前，这些光子近似均匀、各向同性，且处于热平衡。在来往地球的漫长旅程中，这些 CMB 光子经历了同样的宇宙学红移，即所有光子的能量被改变了同样的倍数。这只会改变黑体谱的温度参数，而不会影响 CMB 几乎均匀、各向同性以及服从黑体谱分布这些性质。

思考：为什么我们仅仅提及光子和电子的散射，而不考虑光子和原子核的散射？

那么，宇宙究竟是何时变得透明的呢？我们先来做一个大致的估算。

图 4.9 展示了氢原子的玻尔模型。带正电的氢原子核位于中心，而带负电的电子只能位于一些特定的轨道上。氢的电离能是 $E_{\text{ion}}=13.6\text{eV}$。换句话说，要想用一个光子把一个位于基态的电子打到无穷远处，光子的能量需要达到 13.6eV。当宇宙温度较高时，光子的能量都在 13.6eV 之上。此时，光子就可

以把电子打跑，让中性氢原子无法稳定存在。

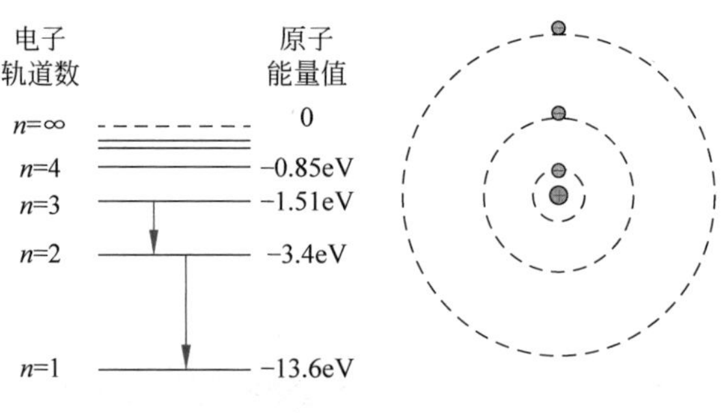

图 4.9　氢原子的玻尔模型

那么，是不是当宇宙温度 T 满足 $k_B T \leqslant 13.6\text{eV}$，即 $T \leqslant 1.5\times10^5\text{K}$ 时，中性氢原子就能大量形成？答案是否定的。在极早期宇宙正负电子湮灭完成之后，宇宙中的光子数目是电子数目的 $O(10^{10})$倍。即使温度降低到 $T\approx7000\text{K}$，能够电离氢原子的光子数密度和电子数密度之比仍然有$\dfrac{n_\gamma}{n_e}\sim10^{10}\mathrm{e}^{-\frac{E_{\text{ion}}}{k_B T}}\sim O(1)$。由于存在大量能电离氢原子的光子，再复合仍然难以发生，所以，温度的正确数量级应该是几千开。使用一种叫作萨哈(Saha)近似的方法，可以估算出结果大致是 4000K。

不过，4000K 依然不是最终的答案，这是因为氢的再复合比想象中更加困难。原因在于，当一个氢原子核俘获一个电子时，释放的光子又会把附近的一个氢原子电离。因此，在很大程度上，氢的再复合要依靠把电子俘获到非基态的中间能级，然后电子再掉落到基态能级来完成。其中，中间能级 $2s$ 的贡献比较大，因为角动量守恒要求 $2s$ 到基态的跃迁必须放出 2 个以上的光子(多个光子各奔东西，不会再合并到一起去把基态电子电离)。另一个能起到帮助的机制是宇宙膨胀可以把电子能态跃迁中辐射出来的光子稍稍红移，使得它们的能量稍稍偏离重新电离氢原子所需要的能量。

考虑到氢的所有能级之间跃迁的复杂定量计算已经超出了本书的内容范围，所以我们只给出最后结果：氢的再复合发生在宇宙温度为 $T\approx2970\text{K}$ 附近，也就是红移 $z\approx1090$ 附近。这是一个比较确定的、不太依赖于宇宙学模型的结论。

知道了再复合时的红移，就可以确定相应的宇宙年龄了。在早期宇宙，除辐射和物质之外的其他成分都可以忽略时，可以用式(4.1)把红移转化到宇宙年龄：

$$t=\frac{2}{3H_0\sqrt{\Omega_{m0}}}\left\{\left(\frac{\Omega_{r0}}{\Omega_{m0}}\right)^{3/2}\left[2+\sqrt{1+\frac{\Omega_{m0}}{(1+z)\Omega_{r0}}}\left(\frac{\Omega_{m0}}{(1+z)\Omega_{r0}}-2\right)\right]\right\},\quad z\gg 1 \tag{4.1}$$

思考：如何从弗里德曼方程出发，推导式(4.1)？

取当前的天文观测值，即 $H_0=70\text{km}/(\text{s}\cdot\text{Mpc})$，$\Omega_{m0}=0.3$，$\Omega_{r0}=8.54\times10^{-5}$，可以算出氢的再复合发生时的宇宙年龄 $t_{rec}\approx37$ 万年。

4.3 CMB 的主级效应

4.2 节，我们介绍了 CMB 的产生。本节，我们聚焦于最新一代的 CMB 卫星，即普朗克卫星，拍到的 CMB 温度天图到底是什么。

在热力学中，严格平衡态的温度是没有方向的。不过，CMB 并非处于严格的平衡态。我们把在一个固定方向上接收到的 CMB 光子按照黑体谱分布拟合得到的温度参数定义为这个方向的 CMB 温度。实际测量到的 CMB 温度在各个方向上有万分之一开量级的起伏。通常能在各种文献中看到的 CMB 温度天图(图 4.10)，就是在类似于世界地图一样的天球坐标系上，把 CMB 各个方向上的温度起伏(即每个方向的温度减去全天平均温度)用颜色表示出来。

图 4.10　CMB 温度天图

普朗克卫星观测 CMB 温度天图时的角分辨率大致为 FWHM=5′。这里的 FWHM 是 full width at half maximum(半峰全宽)的缩写。图像的平滑就是和一个二维的权重函数做卷积，而半峰指的是卷积函数取到峰值一半的地方(图 4.11)。如果你不了解图像平滑的具体细节也没有关系，可以把 FWHM 大致看作图像像素的大小。FWHM 越小，对应的角分辨率就越高。

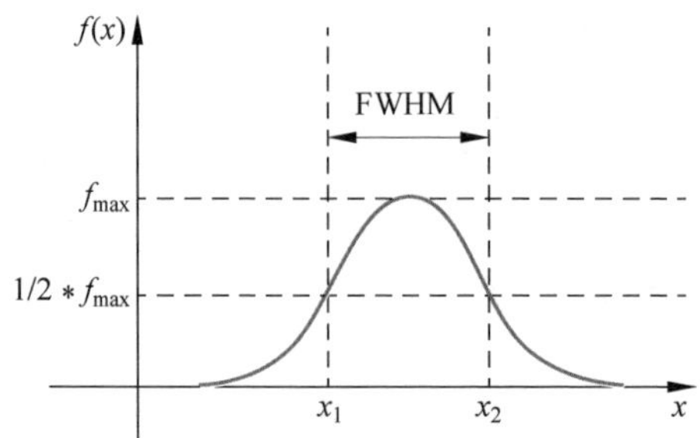

图 4.11　半峰全宽(FWHM)示意图

我们已经知道了 CMB 是宇宙在最后散射面附近的照片，而早期宇宙各种成分都有微小的密度起伏。根据最简单的暴胀理论，早期宇宙的微小密度起伏来源于量子真空波动，在各个尺度上的扰动幅度是几乎相同的。我们来看下 CMB 天图是否具有同样的性质。

在图 4.12 的左列，给出了 FWHM 依次为 27°、9°、3°、1°、20′、6.67′的 CMB 温度天图，每一幅天图的角分辨率都是上一幅天图的 3 倍。我们在每幅天图的中央标出了 CMB 温度的均方根(root mean square)以衡量该图中 CMB 温度起伏的幅度。分辨率越高，就能看到更多的温度起伏的细节，因此温度的标准差就越大。正如分辨率越高的海岸线越长一样。

不过，这样简单地改变分辨率的方式并不能很好地把不同的物理内容分离开来。试想如果你想研究山顶的植被高度分布，记录各座山顶上的每棵植被的绝对海拔并无多大意义。我们需要先把每座山的海拔扣除，所以，我们真正关注的是图 4.12 的右列。这里的每一幅天图都是左列的两幅相邻的天图之差(高角分辨率天图减去低角分辨率天图)。这样，我们把 CMB 温度起伏分解成了不同角分辨率范围内的温度起伏。例如，我们从 FWHM=1°的天图中减去 FWHM=3°的天图，得到的就是介于 1°～3°角分辨率范围的温度起伏。

如果 CMB 和暴胀导致的原初扰动一样(后者在各个尺度上的扰动幅度几乎相同)，那么各个角分辨率范围的温度起伏的幅度应该是几乎相同的，也就是说，图 4.12 右列中的每幅天图都应该有大致差不多的标准差。从图中可以看到，分辨率最低的两个天图的温度起伏的标准差非常接近，说明它们确实和暴

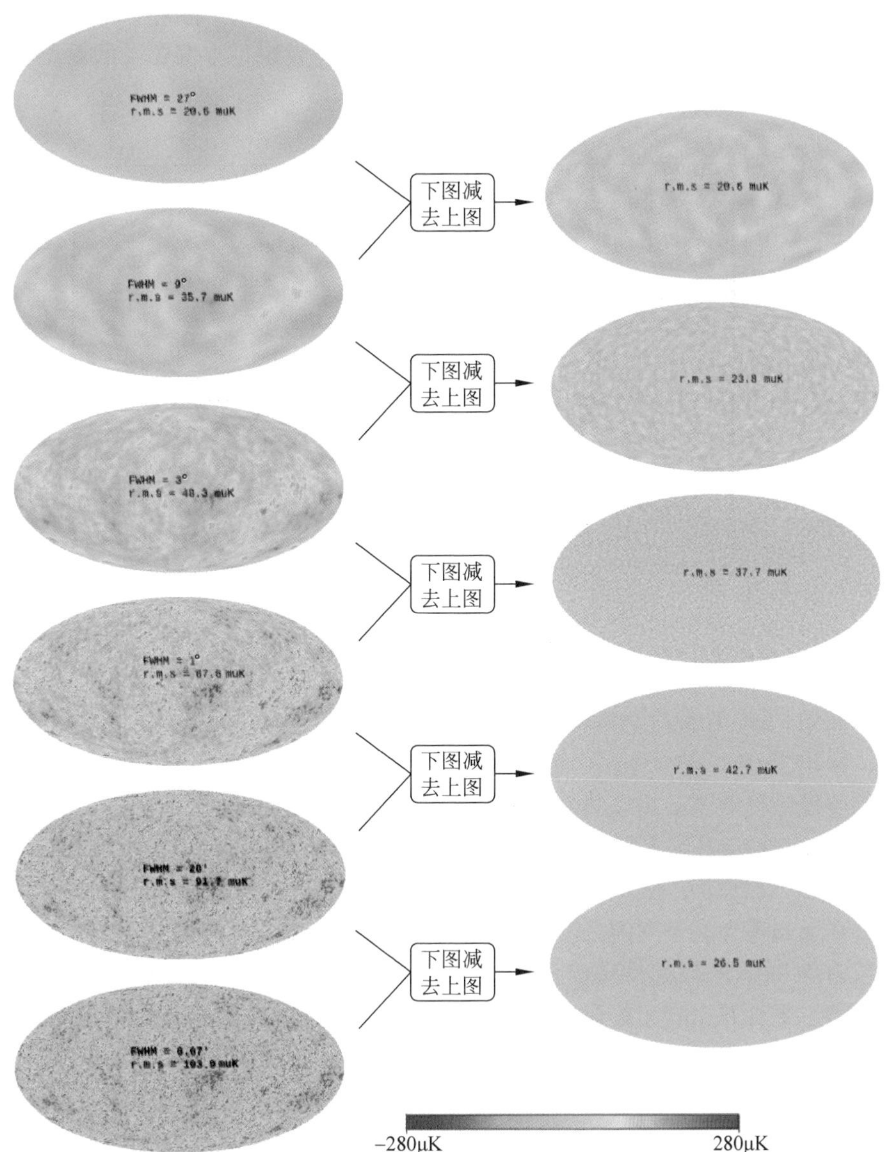

图 4.12　不同 FWHM 下的 CMB 温度天图

胀导致的原初扰动非常相似。但是，在 1°附近的角分辨率上，CMB 温度的起伏幅度明显增大。最后，在远小于 1°的角分辨率上，CMB 温度的起伏幅度又开始减小。

以角分辨率为横轴，以温度涨落为纵轴，可以画出 CMB 的温度涨落随角分辨率的变化关系(图 4.13)。这就是 CMB 功率谱。它也是本章要讲的重点。

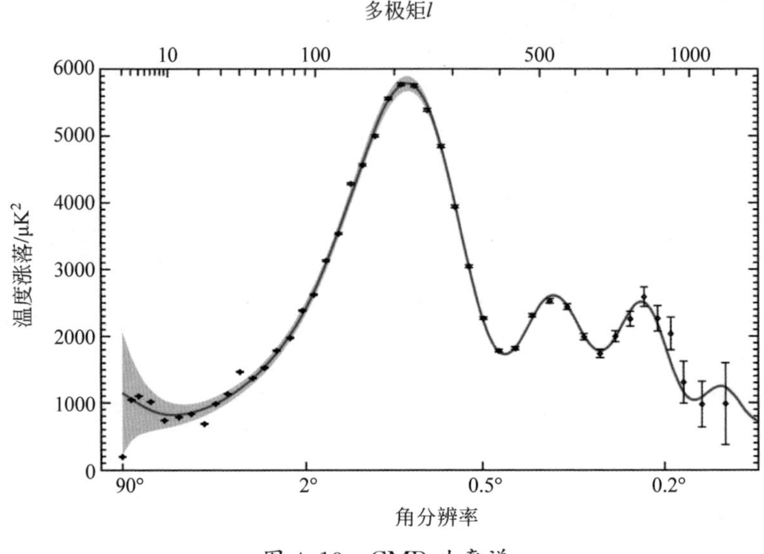

图 4.13　CMB 功率谱

如果 CMB 和暴胀导致的原初扰动一样，那么 CMB 功率谱就应该是一条直线，这与实际情况完全不符。那么，CMB 功率谱上这些不同于原初扰动的特征都是由哪些物理因素造成的呢？下面我们逐一进行分析。

4.3.1　低分辨率 CMB 天图和原初扰动的相似性

在远超视界的尺度(对应于低角分辨率)上，因为没有因果关联，密度扰动和引力势、曲率势等都没有变化，即和原初条件(暴胀准备的)一致。为了检验这个理论是否和实测相符合，我们来估算一下氢再复合时的宇宙视界尺度对我们的视张角。

在以辐射和物质为主的早期宇宙，视界的共动尺度由下式给出：

$$\frac{c}{aH}=\frac{c}{H_0\sqrt{\Omega_{m0}(1+z)+\Omega_{r0}(1+z)^2}} \tag{4.2}$$

取 $H_0=70\text{km}/(\text{s}\cdot\text{Mpc})$，$\Omega_{m0}=0.3$，$\Omega_{r0}=8.54\times10^{-5}$，$z=1090$，可以得到氢再复合时期的视界共动尺度为 $l_H\approx207\text{Mpc}$。

在空间平坦的 ΛCDM 模型中，天体离我们的共动距离和红移之间可以用如下的数值近似关系转换：

$$r \approx \frac{6243.4\text{Mpc}}{\Omega_{m0}^{0.395} h}\left\{\frac{1}{(1+0.47\Omega_{m0})^{0.105}} - \frac{1}{(1+z)^{0.185}[1-\Omega_{m0}+1.47\Omega_{m0}(1+z)^3]^{0.105}}\right\} \tag{4.3}$$

取 $\Omega_{m0}=0.3, h=0.7, z=1090$，可以算出最后散射面离我们的共动距离大致是 $r_{rec}\approx 13.7\text{Gpc}$。如果考虑辐射形式能量贡献的修正，通过对光子测地线积分得到的更精确的结果是 $r_{rec}=13.8\text{Gpc}$。

因此，在最后散射面上的视界尺度对我们的视张角为 $\frac{l_H}{r_{rec}}\approx 0.015\text{rad}\approx 0.9°$，非常接近于 1°。至此，我们成功地解释了为什么在远大于 1°的角分辨率上，CMB 会和原初扰动非常相似。

4.3.2 CMB 温度天图中的声波振荡

在小于视界的尺度上，在早期宇宙的光子-重子流体中，密度不均匀性一直以声波的形式传播。在氢再复合之前，辐射形式的平均能量密度占主导，绝热近似下局域压强和密度之比为 $\frac{c^2}{3}$。流体中的声速满足 $c_S^2=\left(\frac{\partial p}{\partial \rho}\right)_S\approx\frac{c^2}{3}$，即 $c_S\approx\frac{c}{\sqrt{3}}$。①

在极早期宇宙，所有我们关心的(即宇宙学可观测的)声波的波长都是远远超视界的，那么因为因果无关联性这些声波都是被冻结住的。也就是说，它们一开始都是驻波。为了简单起见，我们忽略 c_S 的变化，仅以一维波动问题为例来定性地说明问题。

数学上，一维无边界波动方程的解可以分解成如下形式的单色波的线性叠加：

$$u_k(x,t)=A_k\cos[k(x-c_S t)+\phi_-]+B_k\cos[k(x+c_S t)+\phi_+] \tag{4.4}$$

其中，k 是波数，ϕ_+、ϕ_- 是相位，A_k、B_k 是振幅。在 $t\to 0^+$ 时，因为波长超视界，此时的声波应该是被冻结住的，也就是对所有 x 均有 $\left.\frac{\partial u_k}{\partial t}\right|_{t\to 0^+}=0$。由此我们可以得到 $A_k=B_k$ 和 $\phi_+-\phi_-=2n\pi$(n 为整数)。所以式(4.4)可以简化为

① 下标的 S 表示熵不变，即绝热近似。

$$u_k(x,t) \propto \cos(kx+\phi_+)\cos(kc_S t) \tag{4.5}$$

显然，u_k 为驻波。

式(4.5)中的因子 $\cos(kc_S t)$ 反映的是在“引力驱动的压缩”和“压强驱动的反弹”之间周期性变化的声波振荡。在氢再复合时，$t=t_{rec}$，所以相应的时间依赖因子为 $\cos(kc_S t_{rec})$。我们把这里的 $l_S=c_S t_{rec}$ 称为声视界(图 4.14)。凡是满足 $kl_S=n\pi$ 的声波振荡都会在最后散射面上被凸显出来。$n=1,3,5,\cdots$对应在氢再复合时恰好压缩完成，$n=2,4,6,\cdots$对应在氢再复合时恰好反弹完成。在 CMB 天图上看，当角分辨率为$\dfrac{l_S}{r_{rec}n}$附近时，我们就容易看到这样的声波振荡。

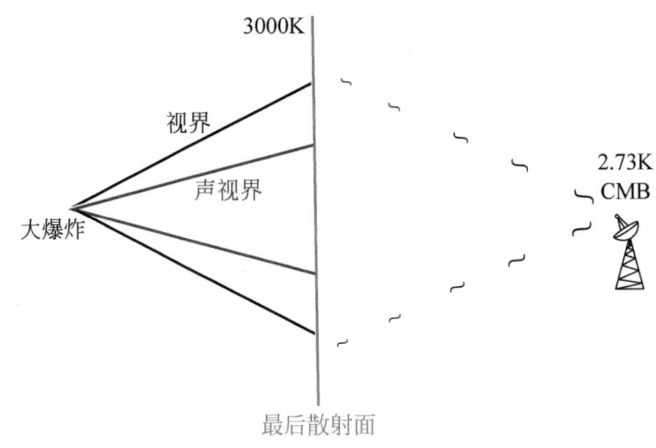

图 4.14　视界和声视界示意图

取 $c_S\approx\dfrac{c}{\sqrt{3}}$和 $t_{rec}\approx37$ 万年，可以算出声视界的共动尺度大概是 70Mpc。①

不过，前面的讨论忽略了宇宙膨胀的影响。如果考虑宇宙膨胀，对应的声视界共动尺度将修正为 $l_S\approx144$Mpc。对应的能凸显声波振荡的分辨率为$\dfrac{l_S}{r_{rec}n}=\dfrac{\theta_S}{n}$，其中 $\theta_S\approx\dfrac{144\text{Mpc}}{13.8\text{Gpc}}\approx0.0104\text{rad}\approx36'$。图 4.12 右列的第四幅(分辨率介于 $1^\circ\sim20'$之间)天图的标准差最大，正是基于这个原因。

上面的分析依然非常粗糙，因为我们只考虑了理想的弹性声波。实际情况

① 共动尺度是转化到今天的物理尺度，比最后散射面上的物理尺度多含一个 $1+z\approx1090$ 的因子。

是，重子并不那么容易被（非引力的外力）移动，压强驱动的反弹受到重子的惯性抵抗而无法完美完成。重子拖曳导致的结果就是，CMB 中 $n=2,4,6,\cdots$对应的声波振荡模式没有 $n=1,3,5,\cdots$对应的声波振荡模式那么显著。这部分解释了为什么在图 4.12 右列的最后一幅（分辨率介于 $20'\sim6.67'$之间）天图的标准差要显著低于第四幅天图中 $n=1$ 的声波振荡产生的温度起伏。如果重子密度 $\Omega_{b0}h^2$ 越大，重子拖曳效应就越明显，这就是我们通过 CMB 天图的统计来测量重子密度的最重要依据。

思考： *在给定红移处，为什么重子能量密度和光子能量密度之比和 $\Omega_{b0}h^2$ 成正比，而不是和 Ω_{b0} 成正比？*

图 4.12 右列的最后一幅（分辨率介于 $20'\sim6.67'$之间）天图其实不光覆盖了 $n=2\left(\frac{\theta_S}{n}\approx18'\right)$的声波振荡模式，还覆盖了 $n=3\left(\frac{\theta_S}{n}\approx12'\right)$的模式。为什么不受重子拖曳效应影响的 $n=3$ 声波振荡模式导致的温度起伏也远远不如 $n=1$ 模式的贡献呢？这里就涉及另外一个效应：暗物质的引力束缚效应。在大约红移 3000 处，暗物质的密度超过了辐射形式的能量密度，其引力势的束缚使得光子-重子流体的声波振荡幅度减小。对 $n=3$ 模式而言，其最后一次引力导致的压缩过程几乎都在红移 3000 以下，暗物质的束缚作用非常明显；而对 $n=1$ 模式而言，在辐射主导时期就开始了最后一次（也是唯一一次）引力导致的压缩过程，所以受到暗物质束缚效应的影响就小。可以想象，如果增大暗物质的密度（$\Omega_{dm0}h^2$），那么暗物质主导的时期会变得更早，$n=1$ 模式受到的影响会更大，图 4.12 右列的最后两幅天图的温度起伏程度就不会相差得那么明显了。这是我们通过 CMB 天图来测量暗物质密度的最重要依据。

宇宙中物质由重子物质和暗物质构成，即 $\Omega_{m0}=\Omega_{b0}+\Omega_{dm0}$。这就是用 CMB 实验测量宇宙中物质占比的基本原理。

除暗物质束缚效应之外，在高的角分辨率上，CMB 的温度起伏总体呈现一个指数式衰减的趋势。这是因为光子-重子流体不是完美的理想流体，存在着从机械能到热能的耗散。微观看，在远小于光子平均自由程的尺度上，光子可以从密度较大区域直接漏到密度较小区域，密度的不均匀性会被逐渐抹平。这种耗散效应被称为西尔克衰减（Silk damping）。

为了估算影响西尔克衰减的角分辨率范围，我们来估算下氢再复合之前光子的平均自由程。光子的平均能量远低于电子静止质量，所以光子-电子散射过程主要是汤姆孙散射，其散射截面为 $\sigma_T=6.65\times10^{-29}\,\mathrm{m}^2$。光子在单位时间和电子发生散射的概率是 $n_e\sigma_T c$，这里的 n_e 是自由电子数密度。因此光子的平均自由飞行时间是$\frac{1}{n_e\sigma_T c}$，平均自由程是$L_{free}=\frac{1}{n_e\sigma_T}$。

宇宙学中通常把自由电子和氢原子核的数密度之比叫作宇宙的电离度，记作$x_e\equiv\frac{n_e}{n_H}$。氢原子核的数密度可以表示为

$$n_H(z)=(1+z)^3\frac{3H_0^2\Omega_{b0}(1-Y_P)}{8\pi Gm_H}$$

$$=0.185\text{m}^{-3}(1+z)^3\frac{\Omega_{b0}h^2}{0.022}\frac{1-Y_P}{0.75},\quad z<10^9 \tag{4.6}$$

其中，Y_P是原初氦的质量丰度，m_H是氢原子核质量。于是光子的平均自由程的共动长度为

$$l_f\equiv(1+z)L_{free}=\frac{2.63\times10^6\text{Mpc}}{(1+z)^2x_e(z)}\frac{0.022}{\Omega_{b0}h^2}\frac{0.75}{1-Y_P} \tag{4.7}$$

注意到左边的$(1+z)$因子把在红移z处的平均自由程转化为共动长度。从式(4.7)可以看出，在红移$z\approx1100$时，氢的再复合还未完成，所以$x_e\sim O(1)$，那么光子的平均自由程的共动长度大概是$l_f\approx3$Mpc。但这并不是西尔克衰减效应开始发挥作用的尺度。因为在氢再复合之前，光子大致已经运动了视界尺度$l_H\approx207$Mpc的共动路程长度，所以光子大致被散射了$N\sim\frac{l_H}{l_f}$次。那么光子跑动的直线距离大致是$\sqrt{N}l_f\sim\sqrt{l_Hl_f}\sim25$Mpc，对应的分辨率角度为$\frac{25\text{Mpc}}{13.8\text{Gpc}}\sim0.002\text{rad}\sim7'$。如果增大重子的密度，从式(4.7)可以看出来平均自由程会缩短，西尔克衰减效应就会被压缩到更小的尺度上。这也是测量重子密度的一种辅助方法。

4.4 CMB的次级效应

通过研究光子-重子流体的振动模式，我们抓住了形成CMB的核心物理过程。不过，实际的CMB各向温度和极化起伏的功率谱的数值计算并不是用流体近似，而是用严格的动力学方法追踪CMB光子在电子散射、引力势、空间曲率，甚至原初引力波的影响下，从早期宇宙的初条件开始，到被CMB观测仪器捕捉到的整个过程。在动力学方法中，我们直接考虑光子的能量和运动方向的变化，而不把光子-重子流体当作一个整体来对待。下面我们从这个观点出发，

来分析一些能够影响 CMB 功率谱的次级效应。

(1) Sachs-Wolfe 效应

最后散射面上除光子本身存在冷热不均之外，引力势也存在起伏。在高密度区域(最后散射面上的高温点)，存在着深的引力势阱，当 CMB 光子离开最后散射面时，会发生引力红移(可以认为是脱离引力势阱会损失“动能”)。这一般是一个“失不偿得”的过程，也就是说，引力红移效应一般会强于高密度区域光子一开始就比较热这个效应。因此，我们最后看到的 CMB 天图上的冷点，往往对应最后散射面上密度较大的高温点，也就是引力红移效应较强的区域。反之亦然，我们最后看到的 CMB 天图上的热点，往往对应最后散射面上密度较小的低温点，也就是引力蓝移效应较强的区域。

(2) 多普勒效应

在最后散射面附近和 CMB 光子发生最后一次散射的电子本身存在速度分布差异。如果最后散射 CMB 光子的电子是朝我们运动的，那么被散射向我们的 CMB 光子会获得更多的能量，产生频率的蓝移。反之，如果最后散射 CMB 的电子是朝远离我们方向运动的，那么被散射向我们的 CMB 光子会产生红移。

不管是引力驱动的 Sachs-Wolfe 效应还是电子散射驱动的多普勒效应，其实都是我们之前讲的早期宇宙光子-重子流体声波振荡的微观描述。如果不是特别在意数值精度，两种描述是等价的。但是，在氢复合完成之后，光子和重子不再耦合在一起，这时就只能用动力学方法来描述影响 CMB 的因素了。

我们下面来考虑氢的再复合之后，CMB 光子还可能受到哪些影响。

在氢的再复合完成之后，透明的宇宙中并非空无一物：暗物质和中性的原子在引力的作用下逐渐结团；然后恒星、黑洞、星系开始形成；恒星形成等这些剧烈活动发出的高能光子又再次把宇宙电离(这大致发生在宇宙学红移 $z\sim10$ 附近)；最后，在接近宇宙学红移 $z\sim1$ 左右，暗能量开始和结团的物质相抗衡，导致宇宙中的引力势变化。晚期宇宙的这些复杂环境可以对 CMB 产生一些“次级”的影响，概述如下。

(1) 引力透镜效应

结团的物质产生的引力势和局域空间曲率能够改变 CMB 光子的运动方向，这称为 CMB 的引力透镜效应。不过，除非发生 CMB 光子经过一个黑洞附近这种极端事件(概率小到无须考虑)，引力势和空间曲率势对 CMB 光子运动方向的改变至多只有角分的量级。因此，引力透镜影响的是高分辨率的 CMB 天图。目前的第三代 CMB 实验已经非常清楚地测量到了理论预言的 CMB 引力透镜效应。

(2) Sunyaev-Zeldovich 效应

当 CMB 光子遇到大的星系团中的电离气体时，还会被热电子散射。不过，因为从再复合时期到星系存在的低红移，宇宙已经膨胀了很多倍，CMB 光子被电子散射的概率并不高，所以，星系团中的电子只加热了部分 CMB 光子。在星系团所在的方向上，CMB 就像是两种不同温度的光子气体的混合。也就是说，CMB 光子偏离了黑体谱的分离，这种效应被称为热 Sunyaev-Zeldovich 效应。除热电子会加热部分的 CMB 光子之外，如果星系团存在宏观的运动，还会使被散射的 CMB 光子产生额外的多普勒效应，这称为动力学 Sunyaev-Zeldovich 效应。目前，热 Sunyaev-Zeldovich 效应已经在第三代 CMB 实验中被成功地用于探测星系团的分布，成为测量晚期宇宙结构的重要探针。

(3) 积分 Sachs-Wolfe 效应

我们通常不需要考虑光子掉进一个高密度区域(引力势阱)时产生引力蓝移，或者光子进入一个低密度区域(引力势垒)时产生引力红移这件事情。因为光子在离开势阱(势垒)时会产生等量的引力红移(蓝移)，一进一出抵消后的净效果为零。唯一的例外是太阳系所在的局域引力势阱，CMB 光子掉进来之后就没有再离开，而是被我们直接观测到。但是，所有的 CMB 光子都经历了这样一个引力蓝移，所以相当于只是稍稍改变了 CMB 的背景温度，而对 CMB 的各向温度和极化起伏并无影响。但是，这些分析都是建立在引力势是静态的假设上。晚期宇宙的暗能量的排斥作用使得宇宙学尺度上的引力势大小平均呈下降趋势。设想 CMB 光子进入一个引力势阱(垒)，发生了引力蓝(红)移；然后在暗能量的作用下，引力势阱(垒)的深度(高度)减小；当光子离开势阱(垒)时，就不会发生同等大小的引力红(蓝)移。也就是说，在暗能量主导的阶段，当 CMB 光子经过一个高(低)密度区域，就会获得一个净的引力蓝(红)移。积分 Sachs-Wolfe 效应比较小，而且都集中在大的角分辨率附近，无法直接在 CMB 的数据中探测到。但是，通过对星系分布的观测，我们能够预先知道引力势阱和势垒的分布信息；在这些辅助信息的帮助下，我们已经成功地寻找到了 CMB 天图中的积分 Sachs-Wolfe 效应。

至此，我们介绍了能影响 CMB 各向温度起伏的主要物理因素。其实，CMB 并不是一张简单的二维照片，而是类似于 3D 电影一样的带有偏振信息的图。简单地讲，CMB 的极化各向异性是由电子和光子的汤姆孙散射的各向不均匀性造成的。在汤姆孙散射过程中，电子只会在电场方向上获得加速，因此均匀极化的光波在被电子散射后，在散射平面(入射光和出射光构成的平面)上会有电场的变化，在垂直散射平面的方向上不会有电场的变化，造成一定的偏振。不过，对固定的一个散射点，如果各个方向入射的光子数一样多的话，散射平面也是均匀分布，那么造成的偏振就抵消了。如果入射光子只有镜面不对称性，散射平面还是均匀分布(因为把入射光子做个镜面反射，不改变散射平面)，造成的偏振仍然抵消。只有当入射光子的分布存在四极不对称性时，才会造成出射光的统计上不为零的偏振。这就是通常所说的"CMB 极化由最后散射面附近的四极矩产生"。CMB 的极化天图包含了最后散射面附近的光子分布信息，能够提供独立于温度天图的信息，是限制宇宙学模型的强有力工具。特别是 CMB 的 B 模式极化，被认为是宇宙学尺度上的原初引力波的唯一探针，也是下一代 CMB 实验的首要观测目标。

参考文献

[1] ALPHER R A，HERMAN R C. Evolution of the Universe[J]. Nature，1948，162：774.

[2] PENZIAS A A，WILSON R W. A measurement of excess antenna temperature at 4080 Mc/s[J]. Astrophys. J. ，1965，142：419-421.

[3] BOND J R，CRITTENDEN R，DAVIS R L，et al. Measuring cosmological parameters with cosmic microwave background experiments[J]. Phys. Rev. Lett. ，1994，72：13.

[4] AGHANIM N，AKRAMI Y，ARROJA F，et al. ，Planck 2018：results：I. overview and the cosmological legacy of Planck[J]. Astronomy & Astrophysics，2020，641：A1.

[5] DODELSON S，SCHMIDT F. Modern cosmology[M]. 2nd ed. New York：Academic Press，2020.

5 宇宙大尺度结构

CMB之后，下一个要讨论的是宇宙大尺度结构。所谓的“大尺度”是指远远超过星系个体或星系群团结构的空间尺度，而“大尺度结构”则是指星系和物质在大尺度上呈现的形态结构。接下来，我们先介绍一下人类探索宇宙大尺度结构的历史。

5.1 大尺度结构

第1章讲过，在1923—1924年，基于勒梅特最早提出的标准烛光的思想，哈勃在仙女星系中找到了12颗造父变星，并估算出仙女星系与我们相距90万光年。[①] 这个发现证明了银河系并不是宇宙的全部，而只是宇宙中一个小小的孤岛。

从20世纪20年代起，人们发现了越来越多的河外星系。一旦确定了宇宙中存在多个星系，有一个问题就自然而然地浮现出来：星系在空间是怎样分布的？

要想回答这个问题，就必须要观测更多的星系样本。哈勃从1926年开始，利用威尔逊天文台60英寸和100英寸(1英寸＝2.54厘米)的两台望远镜，对亮于20等的河外星系进行了较大天区范围的观测。到1931年，他积累了20000个河外星系的样本，进而分析了星系在天球上的二维分布。哈勃指出，除了银道面遮住的“隐带”天区，星系在天球上的分布大体是均匀的。当然，也存在少量的大型成团结构。

随后，沙普利也通过观测和收集的存档数据，得到了相同数量级的星系样本。但与哈勃的观点不同，沙普利认为星系在“隐带”以外的空间分布存在较明显的不均匀性，有星系成群聚集现象。

哈勃和沙普利的争论持续了整整10年。到了20世纪40年代初，天文学

---

① 由于对造父变星的认知有限，哈勃的测量存在较大的误差。目前的测量结果大概是270万光年。

界达成共识：星系在大尺度上的分布趋向于均匀，但在相对小的尺度上存在聚集成团效应，且这一聚集成团效应并非由随机涨落造成。

20 世纪五六十年代，对星系分布的天文观测和理论研究均取得突破。Abell、Zwicky、Lick 的星系团和星系星表，积累了数千个星系团和数百万个星系在天球上的二维分布信息。如此大规模的样本，结合同时期星系成团理论和统计工具的发展，进一步加强了天文学家之前的认识：星系在大尺度上(当时认为要大于 20/(h・Mpc))趋于均匀随机分布，但是在小尺度(当时认为要小于 20/(h・Mpc))上会聚集成团。

上面描述的是星系在天球上的二维分布，它们在三维空间的分布又是怎样的呢?

要想得到星系的三维空间分布，关键是要测出遥远星系的距离。之前提过的造父变星是一种精度很高的标准烛光，但因为其亮度和数量有限，能用它测量的星系数量很有限。20 世纪 70 年代以后，天文学家陆续又发展了其他的星系测距方法，包括 Tully-Fisher 关系、Faber-Jackson 关系、Ia 型超新星和宇宙红移测距。[①] 图 5.1 展示了适用于不同距离尺度的各种天文测距方法。这就是所谓的宇宙距离阶梯。

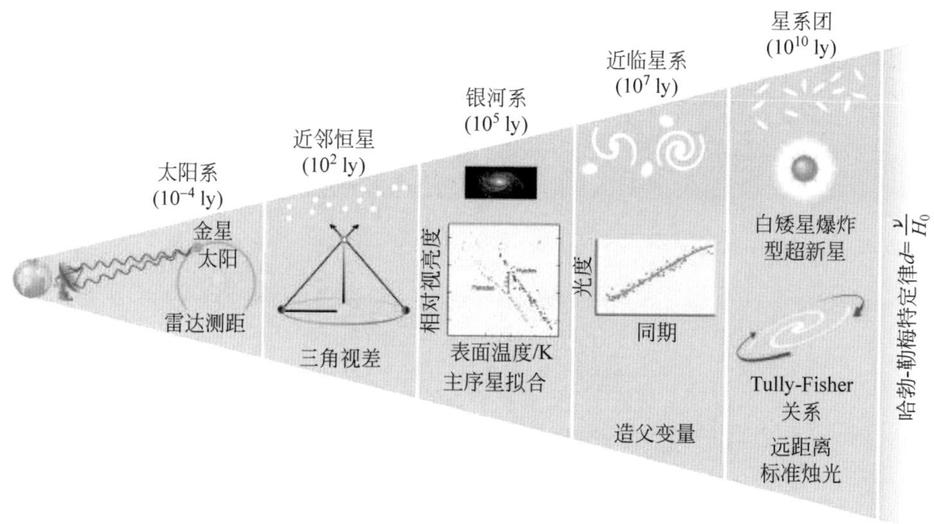

图 5.1　宇宙距离阶梯

① 当红移较小时，可以近似认为红移与距离成正比；当红移较大时，可以通过给定宇宙学模型(如 ΛCDM 模型)的红移-距离关系进行推算。

20 世纪 70 年代末，天文学界开始进行星系红移巡天。1985 年开始的哈佛-史密松森第二天体物理中心红移巡天（the second Center for Astrophysics Redshift Survey，CfA2）展示了北天 18000 个星系的三维空间分布。研究人员惊讶地发现存在尺度达 100/(h·Mpc)（约为 3 亿光年）的超星系团、长城、空洞等大尺度结构。从 20 世纪末开始的 2 度视场星系红移巡天（two-degree-field galaxy redshift survey，2dFGRS）、斯隆数字巡天（Sloan digital sky survey，SDSS）星系红移巡天获得了上百万个星系的红移信息，确认了 CfA2 揭示的大尺度结构，并表明在 100/(h·Mpc)及以下尺度星系呈现出网络状或海绵状分布，而在更大尺度上分布接近均匀（图 5.2、图 5.3）。此外，对 2dFGRS、SDSS 星系样本的两点关联函数等量化统计分析表明，在 100/(h·Mpc)尺度以下，星系在三维空间的分布存在聚集成团效应，而在 100/(h·Mpc)以上，除一种特殊的重子声波振荡特征外，星系的空间分布趋于均匀。

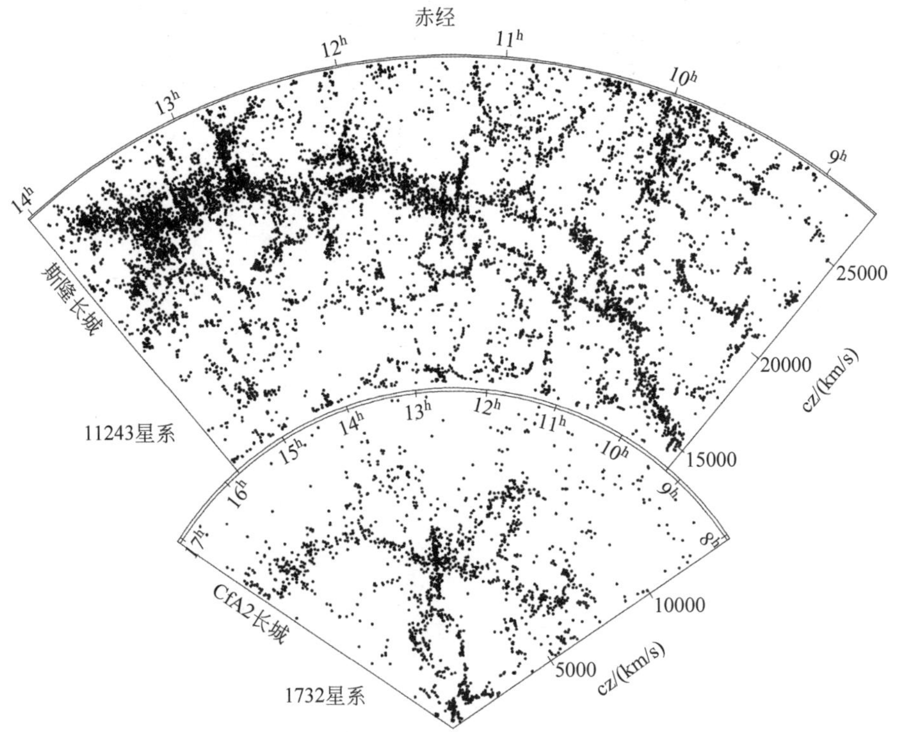

图 5.2　CfA2 和 SDSS 巡天早期观测所得星系分布图，每一个点代表一个星系。呈现出长城结构

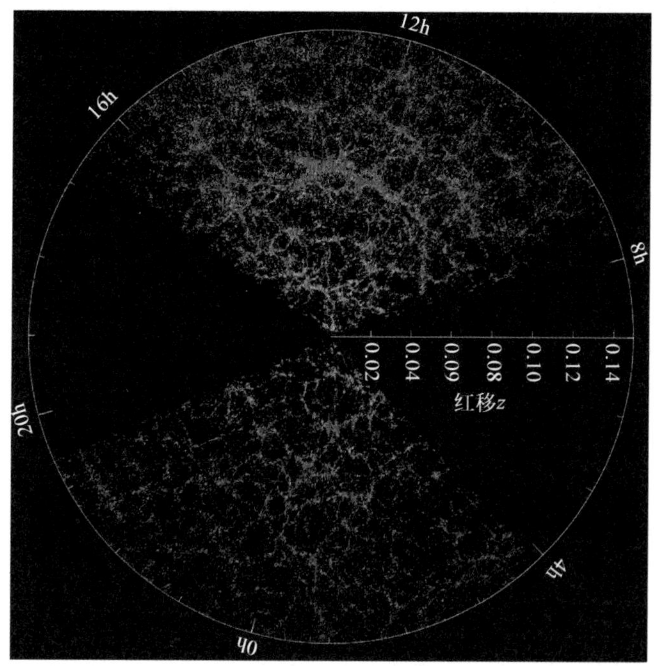

图 5.3 SDSS 巡天观测所得星系分布图,每一个点代表一个星系

5.2 星系的形成和演化

为什么星系在宇宙空间的分布呈现出大尺度均匀,但在 100/(h · Mpc)尺度以下呈现网络状形态和聚集成团效应? 这背后的物理机制是怎样的?

在回答这个问题之前,我们先来了解星系的形成和演化图像。宇宙早期细微的密度涨落,在引力、压力和宇宙膨胀等综合作用下随时间演化,经历线性和非线性增长阶段,在宇宙约 1 亿年的时候出现质量足够大的坍缩结构,孕育第一代恒星和星系,此后新的星系不断形成,经历孤立演化、相互作用和并合等过程。下面对具体过程进行介绍。

5.2.1 宇宙扰动的增长

在宇宙早期,并不存在星系结构。当普通重子物质(当前时刻主要有恒星和气体)、暗物质和辐射光子出现以后,它们在空间的分布是高度均匀的,但可以存在微小的不均匀性。这些不均匀性(扰动)最初产生于暴胀阶段,表现为不同区域的物质密度出现偏离平均值的涨落,是星系形成的“种子”。早期的涨落整体上非常小，在宇宙年龄 37 万年时，宇宙微波背景辐射的空间不均匀性仅仅在 10^{-5} 量级。但是到了今天，在 100/(h·Mpc)尺度以下，物质呈现出明显的非均匀性，且不同尺度的非均匀性有所区别。这必然要求原初扰动随时间发生了显著的演化，使得在一些区域的物质密度比其他区域高很多，从而形成星系，并出现非均匀的空间分布。

如果物质可以看作理想流体，其密度涨落随时间的演化主要取决于引力、压力以及宇宙膨胀等作用的影响。

引力可以驱动扰动(密度涨落)增长，这一过程可以通过以下的简化图像来理解：假设在一维的空间，原始的密度是均匀的，现在出现一个随空间周期性变化的细小密度扰动。对于密度最高点附近的一定小体积物质而言，其对周围物质的引力作用会增强，从而吸引周围的物质汇集，提高密度最高点附近的密度，并进一步增强对周围物质的引力。这很像是社会学中的马太效应。

与引力作用相反，压力作用和宇宙膨胀会抑制或减缓扰动的增长。对于压力的作用，可以想象如下情况：假设气体在空间均匀分布，初始扰动使得某一球形区域的气体开始向内压缩。在压缩过程中，球形区域内的气体质量不变，体积减小，压强随之增加，大于周围未受扰动区域的压强。随即，在球形区域边界处的气体会受到向外的压力，阻止或延缓继续收缩。

由于压力和宇宙膨胀的影响，并非所有的初始扰动都会增长。那么，什么样的宇宙扰动能持续增长呢?

英国天文学家詹姆斯·金斯(图 5.4)最早对星云坍缩进行了分析，在不考虑宇宙膨胀情况下提出了引力压力共同作用下团块继续坍缩的条件，也就是金斯判据：对于特定密度和温度的物质，只有当团块的质量大于一定阈值，或者团块的尺寸长于一定阈值，才能坍缩，并驱使扰动指数增长。相应的质量和尺寸阈值称为金斯质量和金斯波长。金斯质量和金斯波长的公式分别为①

$$M_{\mathrm{j}}=\frac{4\pi\rho_0}{3}\left(\frac{\lambda_{\mathrm{J}}}{2}\right) \tag{5.1}$$

$$\lambda_{\mathrm{J}}=\sqrt{\frac{\pi v_{\mathrm{S}}^2}{G\rho_0}} \tag{5.2}$$

其中，ρ_0 是系统的平均密度，v_{S} 是系统的声速。

① 这里没有考虑宇宙膨胀的影响。

图 5.4 詹姆斯·金斯

注意，如果考虑宇宙膨胀，当金斯判据成立时，密度扰动的增长会慢于时间的指数函数形式。当扰动远小于 1 时(称为线性阶段)，其增长可近似为时间的幂律函数。在密度扰动的线性增长区间，不同尺度上的涨落可近似看作没有相互影响。

需要强调的是，密度扰动随时间的演化依赖于多个因素，包括宇宙演化的不同阶段、不同物质成分的物理性质和不同的空间尺度。对于我们最关心的重子物质来说，绝大部分重子物质都以气体或等离子体的形式存在，只有小部分是恒星、行星或黑洞形式。在研究宇宙扰动演化和星系形成时，重子物质可视为理想流体。

在宇宙年龄约 37 万年(即最后散射面)之前，重子物质与 CMB 光子耦合在一起，处于高度电离状态，其密度涨落会受到辐射压的显著抑制作用。计算表明，在脱耦时期，辐射压导致的金斯质量高达 10^{15} 倍太阳质量。这一质量与当前宇宙中大星系团相当。而在脱耦时期之后，重子物质基本不受辐射压影响，自身热压导致的金斯质量仅为 10^{6} 太阳质量的量级。此后，直到再电离时期，重子温度会因宇宙膨胀而下降，其金斯质量也随之下降。

假设宇宙中只有重子物质和辐射，那么在脱耦前，只有超过 10^{15} 太阳质量的团块才能由引力不稳定性驱动坍缩。在脱耦之后，由于金斯质量迅速下降，这些大质量的团块将碎裂成多个小的团块，再继续坍缩。这样的结构形成图像称为“自上而下”模式。

但是，由于观测到的CMB涨落大小只有10^{-5}量级，已经可以排除掉这种假设及模式。由于耦合作用，在脱耦时刻星系团尺度上重子物质密度涨落也只有10^{-5}量级。如果宇宙中只有重子物质和辐射，脱耦之后重子物质的密度涨落将线性增长，大体与宇宙尺度膨胀的速率接近。从复合时期到现在，宇宙膨胀了约1000倍。这意味着，如前述假设成立，那现在时刻星系团尺度上重子物质的涨落大小将在10^{-2}量级，与实际天文观测完全不符。

造成这个困境的主因，是宇宙中只有重子物质和辐射的错误假设。暗物质的引入，可以有效地解决这个问题。在本节，我们主要关注冷暗物质（即速度弥散远小于光速的暗物质）模型下的密度扰动演化。

暗物质的速度弥散扮演着与普通物质压强类似的角色：速度弥散导致暗物质粒子朝各个方向随机扩散，从而抑制抹平一定尺度以下的密度扰动。这一尺度由暗物质粒子能够自由扩散的距离确定，称为自由流动程。计算表明，质量为100GeV的冷暗物质粒子，其自由流动程对应于地球质量。由此可见，冷暗物质模型主导的结构形成将是“自下而上”模式（又称为等级式聚集成团图像），即小质量的结构先坍缩，之后再聚集形成大质量的结构。

在冷暗物质模型的框架下，只要大于地球质量的暗物质扰动都可以在引力作用下增长，所以暗物质会比重子物质更早与辐射脱耦。当宇宙处于辐射主导时期，暗物质密度扰动受辐射背景抑制，增长速度很慢；一旦进入物质主导时期后（对应于红移$z\approx3000$），暗物质密度扰动增长速度就与宇宙尺度的膨胀速度接近。因此，到达重子物质复合时期时（对应于红移$z\approx1090$，约37万年），暗物质的密度分布已发展到可观的程度。我们所在的宇宙中，重子物质的平均密度约为暗物质的1/5。与辐射脱耦的重子物质，整体上会受到暗物质的引力作用驱动，掉入暗物质成分构成的引力势阱，在金斯质量以上尺度（10^6太阳质量）的分布将趋近于暗物质。因此，重子物质的密度涨落会从脱耦时的10^{-5}量级，快速跟上暗物质的密度涨落，从而有足够的时间发展演化出星系与星系团等结构及相应的大尺度分布。图5.5展示了计算机模拟的宇宙中一定区域内重子物质在引力和压力等作用下的演化，整体图像是向高密度区域汇聚坍缩。

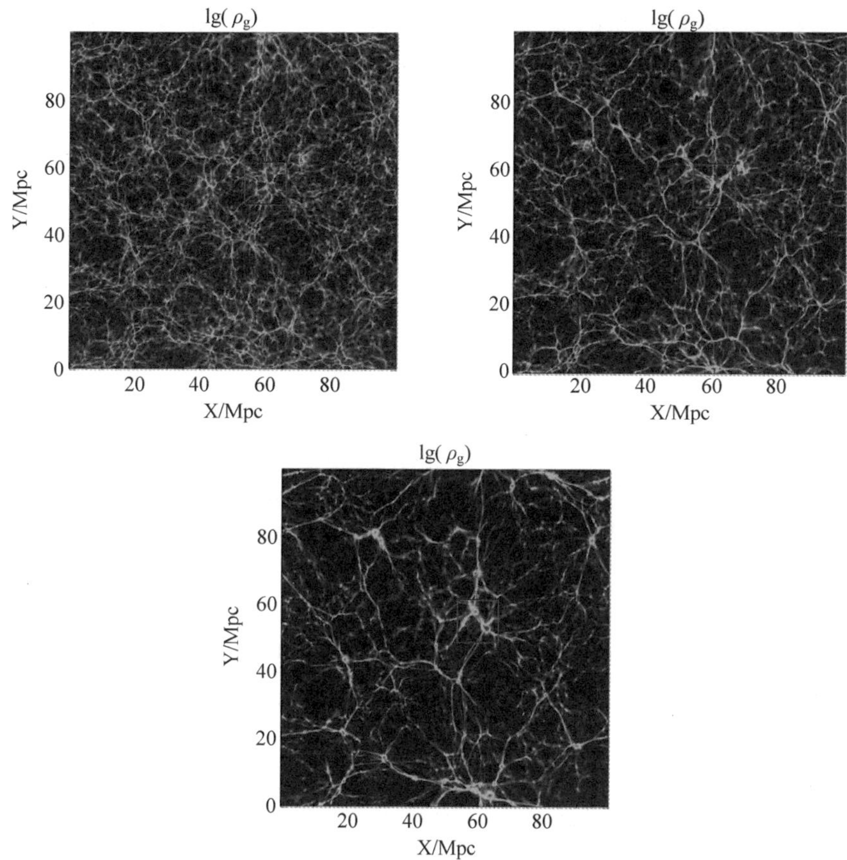

图 5.5 宇宙物质密度分布随时间的演化,从上到下对应时间从早到晚。颜色从蓝、白、绿代表密度逐渐增加。红色框内放大图像见图 5.6

5.2.2 暗物质晕、恒星与星系的形成

随着暗物质和重子物质密度涨落的增长,它们偏离平均值的幅度越来越大。当一定尺度上的密度涨落,其偏离平均值幅度达到约为平均值的 1/10 量级时,就进入非线性的演化阶段。在一些密度峰值区域,非线性演化的结果是形成引力束缚的坍缩结构,即暗物质晕及其气体晕。

在膨胀的宇宙中,考虑有一个球形的区域,其初始的冷暗物质密度比宇宙平均值稍高。5.2.1 节讲过,如果球中暗物质的质量大于一个地球的质量,密度

扰动就将会在引力作用下增长。

需要注意的是，这里的增长指的是相对幅度的增长。实际上，球内物质开始还是会与宇宙背景一样向外膨胀；只是局部高密度导致引力作用增强，使其膨胀速度慢于其他的低密度区域。随后，超过宇宙平均密度的相对幅度越来越大，使其向外膨胀速度比宇宙膨胀速度慢得越来越明显；直至到达临界点后，球内暗物质不再向外膨胀。此后，在引力的作用下，球中暗物质转而向内坍缩。

由于暗物质粒子的无碰撞属性，在向内坍缩的过程中，引力势能将完全转变为暗物质粒子下落的动能。而且暗物质粒子向中心的下落，无法通过碰撞减速并停留在中心，而是在其他暗物质粒子的引力作用下，经历多体动力学的弛豫过程，达到维里平衡状态。这时一个引力束缚的准静态坍缩结构，即暗物质晕，就宣告形成。其中的暗物质粒子随机运动，速度符合麦克斯韦分布，且速度弥散与位置无关，起着类似于重子气体热压的作用，与引力达到平衡。

上面讲的是球对称坍缩情况。实际上，由于初始的扰动往往偏离球对称分布，形成的暗物质晕往往是具有一定椭率的三维椭球结构，密度从中心往外逐渐下降。此外，当一个暗物质晕形成以后，它可以继续通过引力作用吸积周围的暗物质，或者与邻近的另一个暗物质晕合并而增长。在冷暗物质宇宙中，引力不稳定性驱动地球质量以上尺度的扰动随时间增长，越来越多的暗物质晕得以形成，其中超过一定质量的较大暗物质晕也变得越来越多。

如前所述，当重子物质与辐射脱耦后，其在比金斯尺度还大的尺度上的密度涨落会跟上暗物质分布。当宇宙年龄达到 1 亿年的时候，重子物质金斯质量降至 $10^4 \sim 10^5$ 倍太阳质量量级。此时，宇宙中已有一定数目超过 $10^4 \sim 10^5$ 倍太阳质量的暗物质晕形成。这些暗物质晕周围的重子物质会在引力作用下向暗物质晕中心下落。在下落过程中，引力势能转变为重子物质动能，再因碰撞转化为分子原子尺度上的随机热运动，或转换为光子辐射释放出去。暗物质晕中的气体逐步累积，密度、温度持续增加。当它们的热压强作用达到与暗物质及自身的引力平衡时，会大大减缓暗物质晕吸积气体的速度。此时，在暗物质晕中形成了一个较为稳定的气体晕。图 5.6 为前述计算机模拟中形成的气体晕放大图像。图中有大小不一的多个气体晕及团块。

在这些气体晕的中心区域，重子气体密度较高。气体可以通过原子、分子碰撞并向外辐射光子等方式把热能消耗掉。这样的机制称为冷却过程。如果这些冷却过程十分有效的话，那么在中心区域的气体温度就可以大大降低，从而在自引力的驱动下坍缩形成恒星。当一个暗物质晕及气体晕的系统中有了一定数量的恒星，星系就诞生了。图 5.7 为气体晕中盘星系形成示意图。

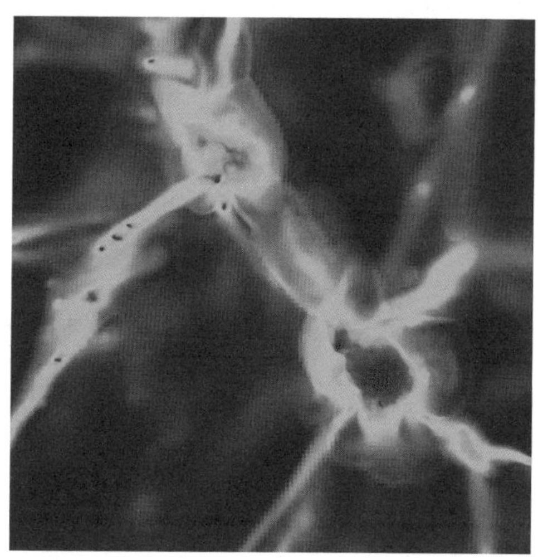

图 5.6 宇宙高密度区域，引力驱动下汇聚坍缩而成的气体晕

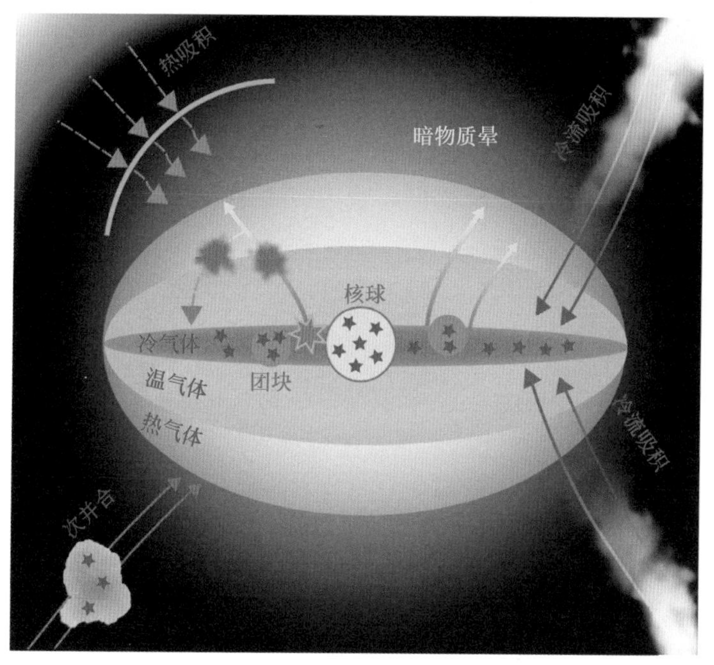

图 5.7 气体汇聚坍缩形成气体晕，中心区域气体冷却形成恒星

5.2.3 星系的演化和并合

星系的演化受到多种因素的影响,包括自身内部过程、外部环境作用,以及与其他星系的并合。

自身内部过程包括气体坍缩成恒星,大质量恒星晚期发出星风,在自引力不稳定性驱动下产生悬臂、棒等子结构,以及自身形态的缓慢变化。外部环境作用主要有从外部平缓地吸积气体,以及通过超新星、活动星系核的机制将物质抛射到星系以外。

在冷暗物质宇宙中,结构的形成图像是自下而上,所以小质量的暗物质晕会通过并合形成更大的暗物质晕。与之对应,暗物质晕中的星系也会并合,这在星系的演化中扮演着极为重要的角色。星系的相互作用与并合,对星系的恒星形成速率、形态、子结构都会产生显著影响。譬如我们所在的银河系,历史上就曾经历过多次并合过程。未来,大小麦哲伦云,甚至是仙女星系,都会和银河系发生并合。

5.3 星系的数量

为什么宇宙中的星系会呈现大尺度均匀、小尺度聚集的三维空间分布图像?我们可以从这两个角度来分析。第一,宇宙中星系的数目为何有这么多?第二,这些星系在空间的排列分布是由什么决定的?接下来的两节,我们将分别回答这两个问题。

5.3.1 星系数量的天文观测

要想了解宇宙中有多少星系,最好的办法就是对星系做一个类似于人口普查的观测,即对较大天区范围内的星系进行普查式观测,这就是所谓的星系巡天。星系巡天还可以细分为测光和红移巡天两种。前者通常是将可见光及红外光细分成几个小的波段,利用滤光片测量星系在不同波段的辐射流量。后者则需要得到星系的光谱信息,再进一步根据某些元素的特征谱线来确定星系红移。

实际上,星系巡天观测并不能看到宇宙中所有的星系,而只是得到一个星系抽样调查的样本。天文学家随后根据星系抽样样本结果和抽样方法,推测宇宙中不同亮度星系的数目。为了尽量探测到更多的星系样本,现代的星系巡天观测除了观测大天区,还会尽量提高其观测极限,也就是探测较暗天体/星系的能力。进入21世纪,以SDSS为代表的大规模星系巡天项目的推进,获得了上千万个星系的测光数据以及数百万个星系的光谱数据,从而让我们能对宇宙中星系的数目进行估计。

天文上常用星系光度函数或恒星质量函数来量化宇宙中星系的数目,其具体含义是指,在一个单位体积,如1$(\mathrm{Mpc})^3$内,星系光度或恒星质量在每一光度或恒星质量区间内的星系数目。这里的光度,是指星系每秒向外部辐射的能量之和。注意,相同光度的星系,如果它们距离不同,那用同样一台望远镜观察到的视星等不一样。对于一台特定的望远镜而言,如果一个特定光度的星系的距离超过一定阈值,那么这台望远镜就无法探测到这个星系。因此,从巡天观测得到的星系样本,还需要根据它们的距离得到它们的光度,再针对望远镜的性能、巡天面积、深度等系统效应进行调整修正,才能得到星系的光度函数。目前观测所得紧邻宇宙的星系光度函数,大致可以用谢克特(Schechter)光度函数描述,即光度在$L\sim(L+\mathrm{d}L)$区间的星系数密度为

$$\phi(L)\,\mathrm{d}L=\phi_*\left(\frac{L}{L_*}\right)^{\alpha}\exp\left(-\frac{L}{L_*}\right)\frac{\mathrm{d}L}{L_*} \tag{5.3}$$

其中ϕ_*为归一化系数,其值为0.005～0.01/$(\mathrm{Mpc})^3$;L_*是特征光度,其值大致与银河系的光度相同;在暗星系一端,星系光度函数趋近于幂律函数,幂指数α在$-1.0\sim-1.2$;在亮星系一端,一定体积内亮星系数目随光度趋近于指数函数下降。

对于星系数目,这里可以给出一个量级上的估计。目前宇宙中的光辐射强度约等于1$(\mathrm{Mpc})^3$内有0.005～0.01个银河系,而可观测宇宙半径约为15000Mpc,由此可得,宇宙中大概有成百上千亿个银河系。因为有很多比银河系暗的星系,所以实际的星系数目会更多。

5.3.2 星系数量的理论解释

理论解释星系数目随宇宙时间的演化,是构建完整的星系宇宙学理论的关键拼图之一。经过大半个世纪的发展,目前在ΛCDM宇宙背景下已有较为成熟的理论模型,其基本图像是暗物质晕中星系的形成演化。具体来说,该模型可以分成两个主要模块:①ΛCDM宇宙中不同质量暗物质晕数目随时间的演化;②不同质量暗物质晕中星系的数目。下面对这两个模块进行介绍。

5.3.1节讲过,暗物质晕形成于初始物质密度的峰值区域,且这些区域的密度需超过平均值一定程度,以满足在一定时刻达到坍缩形成暗物质晕的临界条件。因此,可以通过分析这些峰值区域的数密度或概率分布,来推测某个时间

(红移),宇宙中能形成的特定质量的暗物质晕数目。基于这一想法,威廉·普雷斯(William Press)和保罗·谢克特在1974年建立了下面这个理论模型。

假设在时刻 t,宇宙中的物质密度分布为 $\rho(x,t)$,平均值为 $\bar{\rho}(x,t)$,相对于平均值的密度涨落为 $\delta(x,t)$,其在线性增长区间与初始密度涨落的关系为

$$\delta(x,t)=\delta(x,0)D(t) \tag{5.4}$$

考虑球对称的坍缩情景。详细计算表明,坍缩后的暗物质晕半径为停止向外膨胀时半径的一半,密度约为宇宙平均密度的100～400倍(取决于具体的宇宙学模型和坍缩时间)。如果在同一时间段,球内密度扰动一直按照线性增长模型发展,那此时密度约为2.686倍宇宙平均密度,即超出平均值的相对幅值为1.686。这意味着,当一个区域在 t 时刻满足 $\delta(x,t)>1.686$ 时,这一区域将坍缩为一个暗物质晕,而该区域在初始时刻的涨落为 $\delta(x,0)>1.686/D(t)$。

为了与特定质量的暗物质晕联系起来,可以考虑一个特征尺度 R。初始时刻,我们在宇宙中选取一个尺度为 R、体积为 V 的球形区域。该区域物质质量为 M,密度记为 $\rho_R(x,0)$。$\rho_R(x,0)$ 在不同位置处相对平均值存在涨落,记为 $\delta_R(x,0)$。因此,如果在不同位置处取体积同为 V 的多个区域,各区域内的质量 M 将不同,相对平均值 $\overline{M}=V\cdot\overline{\rho_R}(x,0)$ 有一定的起伏涨落 δ_M,涨落的方差记为 σ_M。如果初始密度涨落 $\delta(x,0)$ 的概率分布符合主流宇宙学模型假设的高斯分布,那么 $\delta_R(x,0)$ 也将遵循高斯分布。如此一来,就能得到 $\delta_R(x,0)>1.686/D(t)$ 的概率 $P\left(\delta_R>\frac{1.686}{D(t)}\right)$。而根据前述分析,满足该条件的区域,在 t 时刻将处在坍缩的暗物质晕中。

普雷斯和谢克特提出,概率 $P\left(\delta_R>\frac{1.686}{D(t)}\right)$ 等于在 t 时刻,质量大于 M 的暗物质晕所包含的物质质量占总的物质质量比例 $F(>M)$。事实上这样的假设会导致一个明显的缺陷,因此普雷斯和谢克特人为地在等式左边乘以2,使 $2P\left(\delta_R>\frac{1.686}{D(t)}\right)=F(>M)$。

从 $F(>M)$ 出发,可以计算得到在 t 时刻,质量位于区间 $(M,M+\mathrm{d}M)$ 的暗物质晕的数密度 $n(M,t)$。考虑一个体积为 $V_L\gg V$ 的区域,其物质质量为 $V_L\bar{\rho}(x,t)$。在该区域内,质量位于区间 $(M,M+\mathrm{d}M)$ 的暗物质晕所包含的物质的比例为 $F(>M+\mathrm{d}M)-F(>M)$。这一比例乘以 $V_L\bar{\rho}(x,t)$,除以位于 $(M,M+\mathrm{d}M)$ 区间暗物质晕的平均质量,再除以体积 V_L,就可以得到 $n(M,t)$。详细的计算所得结果称为普雷斯-谢克特(Press-Schechter)质量函数,具体形

式为

$$n(M,t)\,\mathrm{d}M=\frac{\bar{\rho}}{M^2}\nu f(\nu)\left|\frac{\mathrm{d}(\ln\sigma_M)}{\mathrm{d}(\ln M)}\right|\mathrm{d}M \tag{5.5}$$

其中 $\nu=\dfrac{1.686/D(t)}{\sigma_M}$，$\nu f(\nu)=\sqrt{\dfrac{2}{\pi}}\nu\exp\left(-\dfrac{\nu^2}{2}\right)$，而 σ_M 由 ΛCDM 宇宙模型的参数取值决定。

以上计算是建立在暗物质晕球坍缩模型基础之上，而实际上暗物质晕是椭球形结构。在 21 世纪初，基于椭球坍缩模型，对上述计算进行了改进。另外，从 20 世纪 70 年代开始，天文学家不断发展使用计算机，特别是高性能的超级计算机来数值模拟宇宙中物质分布随时间的演化，包括暗物质晕结构的形成核演化。当 ΛCDM 宇宙的参数给定时，根据普雷斯-谢克特质量函数及其改进版本，所给出的不同时刻宇宙中不同质量的暗物质晕数目，与宇宙学模拟结果相符。

得到不同时刻的暗物质晕数目随质量的分布之后，接下来就要确定不同质量暗物质晕中星系的数目了。这一步，可以借助暗晕占据分布、子晕丰度匹配、条件光度函数等统计方法，或者半解析方法来完成。

暗晕占据分布的统计方法，主要通过给出单个暗晕中星系分布的统计描述，以建立暗晕质量函数和星系光度函数的映射。在 ΛCDM 宇宙中，暗晕会并合形成更大质量暗晕。当一个较小质量的暗晕被一个大质量暗晕并合后，小质量暗晕的中心区域不一定会被瓦解，而是成为并合后暗晕的子结构。与此对应，在大质量星系的周围也存在较小的卫星星系。这些统计方法通常会分别考虑中心星系和卫星星系。例如，暗晕占据分布方法假设一个给定质量的暗晕，拥有的中心星系个数平均值在 0～1，卫星星系个数在 0 到多个之间，其数值由暗晕质量的不同函数给定。而具体的函数形式以及相关参数，是综合考虑了星系形成物理过程，且需要符合观测得到的星系光度函数确定。子晕丰度匹配、条件光度函数等方法与暗晕占据分布有不少相似之处，在此不再展开介绍。

与统计类方法不同，半解析方法是对星系形成的主要物理过程建立一系列模型方程，如一个暗物质晕中的气体质量与暗晕质量关系，气体的冷热比例，形成恒星的效率，中心黑洞的质量增长，暗晕与星系被并合时气体的剥离等，从而基于宇宙学多体模拟得到的暗物质晕演化，得到不同光度、类型的星系数目随时间的演化。

现在，以 ΛCDM 宇宙“自下而上”图像为基础，建立的暗物质晕和星系数目随时间演化的理论结果，无论是利用普雷斯-谢克特模型，还是宇宙学的 N 体模拟，与暗晕占据分布等统计方法或者半解析方法结合，整体上都可以较好地解释观测到的星系数目统计结果，即不同红移的星系光度函数。图 5.8 是观测所得星系的恒星质量函数(与光度函数紧密相关)，与基于 N 体数值模拟和半解析方法所得理论预言。简而言之，现在的星系形成演化理论，基本上可以解释宇宙中的星系数目及其随时间的演化。

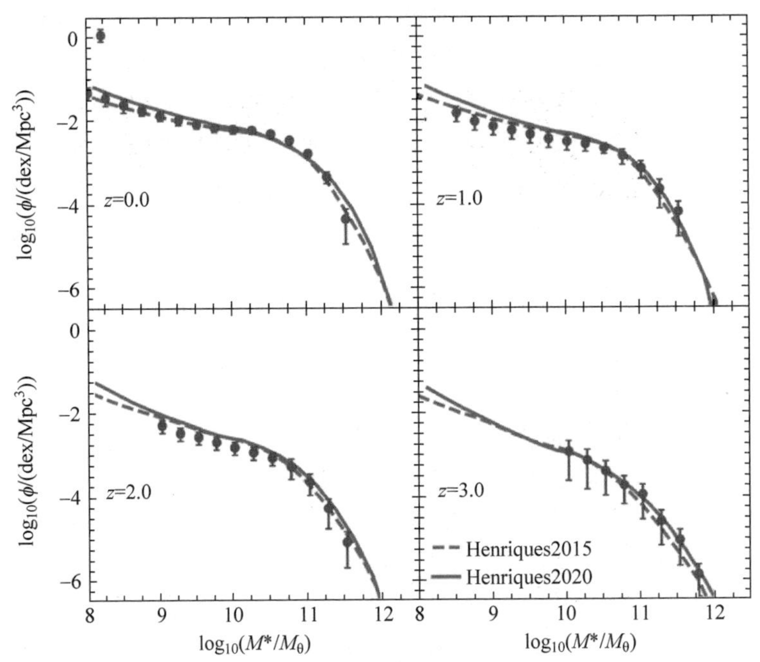

图 5.8　观测(蓝色点)所得星系恒星质量函数与理论预言比较

(Henriques 等，2020)

5.4　星系的空间分布

在本章的最后，我们来讨论星系在宇宙空间的分布，特别是其分布的非均匀性与各向异性、成团性、相应的统计描述以及背后的物理机制。

5.4.1　宇宙网络

以 SDSS 为代表的大规模星系巡天已持续 20 多年，总共获得了数千万个星系的图像以及数百万个星系的红移(距离)信息。据此绘制的星系三维分布图像表明,星系在空间的分布呈现出海绵状或网络状的结构。在一些区域,星系聚集成团块状结构,其密集程度明显高于整体分布。同时,也有不少由星系聚集组成的纤维状结构,连接团块状结构。在部分纤维结构附近,依稀能看到星系聚集而成的墙状结构存在。但在绝大部分的空间区域,星系的数目稀疏,像网中的空洞。这些结构的尺寸不一,一些非常宏伟的纤维状、空洞状结构尺寸可达 100Mpc。现在常常把星系展现出来的空间分布形态称为宇宙网络(图 5.9)。这是计算机数值模拟中呈现的宇宙网络,可以看到有高密度的节点,密度较高的纤维,以及密度较低的墙和空洞结构。

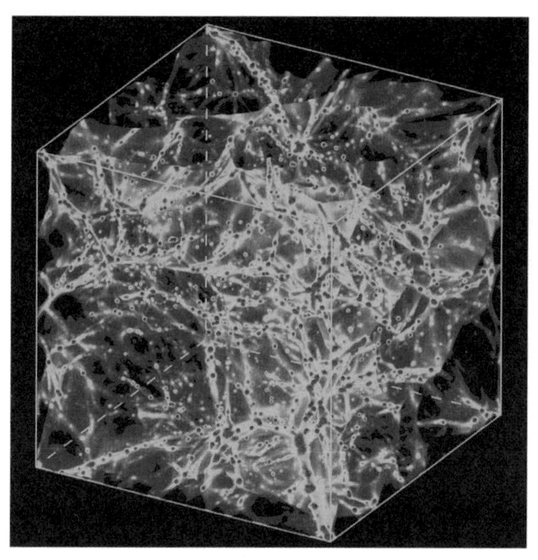

图 5.9 宇宙网络

宇宙网络结构是星系空间分布不均匀、各向异性的直观体现,它们的产生和发展是宇宙初始密度扰动和引力不稳定性综合作用的结果。想象物质分布在一个立方体区域内,初始时刻各处的密度基本相等,但有一些涨落。如果初始密度的高峰均匀分布在这个立方体沿某一维度/方向的中心剖面,那么在引力的驱动下,物质将会在这一维度,从两端向中心剖面坍缩,结果会形成一个墙状结构。当初始条件更为特殊,比如这些高峰位于中心剖面的某一直线,物质在引力作用下会向这条直线汇聚,最后坍缩形成丝状或纤维状的结构。此外,还存在一定可能的情形是初始的密度高峰原本就聚集在中心较小的区域。这种情况下,引力不稳定性将促使形成团块状坍缩结构。

实际上,宇宙中的初始密度扰动,可以同时包含以上几种情况,且具有更为复杂的空间非均匀性和各向异性。在引力的作用下，宇宙不同位置处的物质，沿不同方向朝密度高峰坍缩的先后次序，快慢速度可以不同，导致墙状、纤维状、团块状的坍缩结构的出现。与此同时，在一些区域，其初始的密度比周围各方向都要低，这些区域的物质将不断流向周围，导致空洞的出现。如果初始多个密度低谷位置毗邻，就会导致大尺寸空洞的出现。

依据之前介绍的密度涨落非线性演化可知，在坍缩的墙状、纤维状和团块状结构的密度高峰，会有暗物质晕和星系形成。因此，我们观测到的星系将会呈现出由以上结构组成的宇宙网络形态。此外，我们现在观测到的遥远星系图像其实是那些星系在宇宙更早时刻发射的。因而，从不同距离(红移)的星系空间分布可以看出，宇宙网络随时间在不断演化。在更早时期，纤维状和团块状结构要更为纤细。

5.4.2 均匀性、成团性和重子声波振荡

除了上面那些定性的描述，我们还可以对星系空间分布的非均匀性和成团性进行定量的统计分析。最常用的统计工具是星系分格计数和两点关联函数。

星系分格计数，是把要观测的三维空间划分成若干体积相等的格子，然后统计在各个格子里面亮于某个星等的星系数目。在得到分格计数的结果后，可以进一步统计各格子星系数目的平均值、相对平均值的涨落大小和各格子星系数目的概率分布。几十年的星系巡天观测表明，星系分格计数所得概率分布并不是泊松分布或者高斯分布。

之前讲过，星系在空间分布并不均匀，而是呈现聚集成团的现象；随着尺度的增大，成团效应会逐渐减弱。为了定量揭示聚集成团效应的强弱随尺度的变化，天文学家开发了星系两点关联函数，记为 $\xi(r)$。其定义是，从观测到的星系样本任选一个，然后在距离该星系 r 处的体积元 $\mathrm{d}V$ 内找到另外一个星系的概率为

$$\mathrm{d}P = n[1+\xi(r)]\mathrm{d}V \tag{5.6}$$

其中 n 是星系的平均数密度。如果星系在空间的分布符合泊松分布，则概率 $\mathrm{d}P=n\cdot\mathrm{d}V$，$\xi(r)=0$。真实的星系巡天数据分析表明，$\xi(r)$ 并不为 0。$\xi(r)$ 的具体值与统计的星系亮度有关，星系越亮，$\xi(r)$ 越大，而不同类型星系的两点相关函数也有区别。另外，如果通过红移巡天得到了多个红移区间的星系分布，还可以统计不同时期星系的两点相关函数。需要注意的是，从星系的红移推测其距离或位置并不是一件轻而易举的事情。除了宇宙膨胀导致的退行，星系额

外的运动也会造成其谱线移动。在计算星系的两点相关函数时，需要校正相关因素。

对于近邻的星系，$r \approx 0.2$Mpc 时，$\xi(r)$可达数百。随着 r 的增大，$\xi(r)$逐步下降。当 r 约为 2Mpc、8Mpc、20Mpc、50Mpc 时，$\xi(r)$依次降低至 10、1、0.1、0.01 的量级。这一趋势与我们的直观感觉一致：从越来越大尺度上看来，星系的空间分布越来越均匀。SDSS 等大规模星系巡天数据表明，$\xi(r)$随 r 的下降速率在小于 2.0Mpc 时较快，之后出现拐点而变得缓慢。

星系的两点相关函数 $\xi(r)$随 r 下降的趋势一直延伸到 100Mpc 左右，此时 $\xi(r)$已经低于 0.01。2005 年，研究人员对 SDSS 星系巡天数据进行分析，发现在 $r=150$Mpc 附近，$\xi(r)$存在一个"鼓包"。同一年，另一组研究人员对 2dF 星系巡天数据的分析，也发现了类似的信号。这一特别的信号，反映了星系成团效应在该尺度上的加强。追根溯源，该信号是重子物质与辐射耦合时期的声学振荡，即重子声学振荡留下的印记。事实上，20 世纪的宇宙学理论研究就预言了该信号的存在。这一信号有一个突出的特点是，其对应的共动物理尺寸不随时间变化，是一个非常好的标准尺。SDSS 星系巡天的第三、第四阶段的观测，发现了宇宙不同时期重子的声学振荡信号。图 5.10 为 SDSS 第三阶段看到的声学震荡信号。

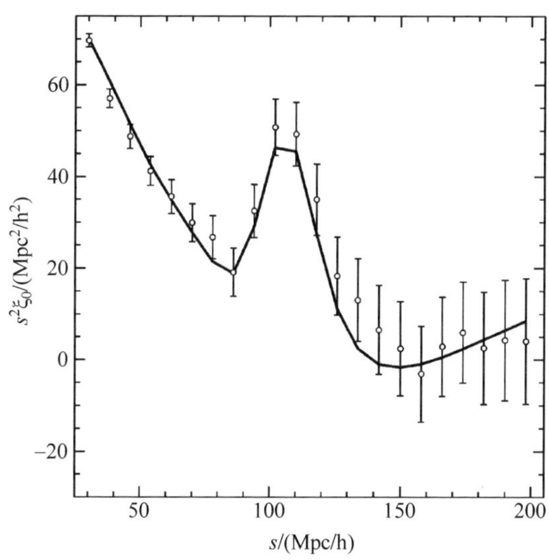

图 5.10 SDSS 三期观测所得星系成团性，鼓包即声学震荡信号

(Anderson 等 2013)

5.4.3 星系分布与宇宙物质场的关系

星系在宇宙空间的分布是宇宙背景演化和星系形成演化的综合结果。反过来,我们观测到的星系分布的特征及统计性质能用来限制宇宙学模型和参数。事实上,以上介绍的星系分布的成团性统计结果,与Ia型超新星、星系团、宇宙微波背景辐射等观测,共同推动了宇宙学发展进入当前的精确宇宙学时代,即在1%的精度水平限定宇宙学模型参数。

在ΛCDM模型的框架内,星系分布和成团性,是宇宙中物质分布和成团性的反映。但是,由于星系形成于暗物质晕中心,而暗物质晕又产生在物质高密度区域,所以星系的分布与宇宙物质的分布有偏离。星系分布的不均匀性和成团性,随时间的演化,是由暗物质晕的分布,以及暗物质晕内部中心星系和卫星星系的分布共同决定的。对于后者而言,其背后的物理过程包括暗物质晕中气体冷却、恒星形成、星系并合等。而关于暗物质晕的分布,其主要的物理机制是宇宙初始密度涨落在引力作用驱动下的演化增长。

基于以上基本图像,现有的ΛCDM宇宙模型及其参数取值,可以成功解释观测到的星系分布及其随时间的演化。相关研究的基本过程如下：对于一个特定的ΛCDM宇宙,即给定暗能量、暗物质、重子物质密度比例,可以得到该宇宙的膨胀历史。如果再已知初始的密度分布及涨落的统计性质,包括平均值、方差、功率谱等,可以根据引力作用下的密度扰动增长规律,得到宇宙不同时刻的密度涨落统计性质。之后借助普雷斯-谢克特模型,或者宇宙学N体模拟,就可以知道不同时期宇宙中暗物质晕的数目；而其空间成团性,如两点相关函数等统计性质,可以从功率谱的演化得到。在此基础上,结合暗晕和星系的关联模型,就可以预言该宇宙模型不同时刻星系的分布和成团性。对于给定的一组宇宙学参数,将所得与观测统计结果对比；如有不符之处,调整假设的宇宙学参数,直到与观测吻合。

参考文献

[1] HUBBLE E. The distribution of nebulae[J]. Publication of Astron. Soc. Pacific,1931,43：282.

[2] PERCIVAL W J, BAUGH C M, BLAND-HAWTHORN J, et al. The 2dF galaxy redshift survey：the power spectrum and the matter content of the Universe[J]. MNRAS,2001,327：1297-1306.

[3] COORAY A,SHETH R. Halo models of large scale structure[J]. Phys. Rept.,2002,

372：1-129.

[4] TEGMARK M,BLANTON M R,STRAUSS M A,et al. The three-dimensional power spectrum of galaxies from the Sloan Digital Sky Survey[J]. Astrophys. J.,2004,606：702-740.

[5] SASLAW W C. The distribution of the galaxies：gravitational clustering in cosmology [M]. Cambridge：Cambridge University Press,2008.

[6] MO H, VAN DEN BOSCH F, WHITE S. Galaxy formation and evolution [M]. Cambridge：Cambridge University Press,2010.

[7] PEEBLES P J E. Seeing cosmology grow [J]. Annual Review of Astronomy and Astrophysics,2012,50：1-28.

6 第一代恒星

讲完了宇宙大尺度结构，接下来要讲的就是第一代恒星了。其实严格说来，第一代恒星的形成发生在宇宙大尺度结构形成之前。但因为本章的内容还涉及第一代恒星的演化和死亡，其对应的时间要晚于大尺度结构的形成，所以本书在编排内容的时候，选择把第一代恒星放在大尺度结构之后。① 接下来，我们先简述第一代恒星的基本特征，再介绍第一代恒星的"生老病死"。

6.1 第一代恒星的特征

宇宙诞生后大概 37 亿年，其温度降低到能让原子核与电子结合并形成原子，这就是宇宙复合时期。此后，光子与重子物质脱耦，即不再发生相互作用。以氢和氦为主的重子物质，将迅速变为电中性的气体，不再发出任何电磁辐射。从那以后，宇宙就进入了长达数亿年的黑暗时代。

打破这个黑暗时代的，是最早出现在宇宙中的一批恒星，称为第一代恒星。第一代恒星的出现为宇宙带来了第一缕曙光，也让宇宙变得热闹起来。这些恒星发出的紫外线电离了其周边区域的中性氢原子。换言之，围绕着每个第一代恒星，一个个电离区开始出现。随着时间的推移，越来越多的恒星和星系相继诞生，这些电离区也逐渐重叠、连片。由于在复合时期以前，宇宙中的重子物质一直处于电离的状态，所以这个由第一代恒星开启的重子物质电离浪潮，被称为宇宙再电离(图 6.1)。

打破宇宙黑暗时代并开启宇宙再电离浪潮的第一代恒星，有什么主要特征呢？为了回答这个问题，需要先介绍一个天文学概念：星族。

基于光谱学的研究，天文学家发现，目前我们所看到的恒星可以分为两类。第一类恒星的核心特点是，它们都含有大量的金属元素(在天文学上，除氢和氦

① 如此编排的更重要的原因，是本书对应于宇宙奥德赛之旅的下半段。上半段旅程从地球出发，飞往宇宙尽头，对应的空间尺度是越来越大的。所以下半段旅程先讲大尺度结构，再讲第一代恒星，对应的空间尺度越来越小，正好与上半段旅程对称。

图 6.1 宇宙再电离

之外的元素,都被称为金属元素),也就是所谓的"富金属"。这类恒星被归为第一星族。太阳就属于第一星族。第二类恒星的核心特点是,它们只含有少量的金属元素,也就是所谓的"贫金属"。这类恒星被归为第二星族。

那么,第一代恒星属于哪个星族呢?答案是,它属于目前根本没找到的第三星族。其核心特点是,几乎不含有任何金属元素。

有无金属元素,或者金属元素的多寡,直接反映了恒星的古老程度:不含金属元素的第三星族恒星最古老,贫金属的第二星族恒星次之,富金属的第一星族恒星最年轻。原因在于,宇宙早期的原初核合成过程基本不产生金属元素,所以最古老的第一代恒星只能由非金属元素的氢和氦构成。本章后面会讲到,金属元素其实是在恒星演化的过程中被逐渐制造出来的。形成时间越晚,恒星中的金属元素含量就会越多。所以,金属元素含量最多的第一星族恒星,必然是最晚形成的。

关于第一代恒星的具体物理过程,目前还只能通过计算机来模拟,因为直到今天,人类依然没有找到第一代恒星。

为什么时至今日人类依然没有找到第一代恒星呢?目前最主流的解释是,第一代恒星都是大质量恒星。大质量恒星的寿命都非常短。举个例子。一个15倍太阳质量的恒星,其在主序阶段停留的时间只有大概1200万年。因此,第一代恒星早已消耗殆尽,目前只是以致密星形式(中子星和黑洞)存在。这样一来,就无法通过光谱学的研究,来鉴定它到底是不是第一代恒星了。

除此以外,天文学家还提出了另外两种补充性的解释:①第一代恒星在其漫长的生命里一直在星际介质中穿行,令其表面受到金属污染,从而表现出贫金属、较年老的第二星族特征;②第一代恒星核心产生的金属元素可能被其较强的对流带到恒星的表面。这种“自我污染”的第一代恒星同样会表现出贫金属、较年老的第二星族特征。

讲完了第一代恒星的基本特征，接下来，我们将介绍第一代恒星的“生老病死”。

6.2 第一代恒星的形成

一般来说，恒星的形成可以划分为三个阶段：①气体晕→分子云；②分子云→原恒星；③原恒星→新生恒星。本节中，我们将结合早期宇宙的特点，介绍第一代恒星的形成。

6.2.1 基本物理过程

第5章讲过，宇宙中较大的结构（如纤维状结构）是由较小的结构，通过等级并合的方法逐渐发展形成的。第一代恒星是在落入暗物质晕引力势阱的气体晕里形成的。这些气体晕在红移为20～30时的典型质量为10^6倍太阳质量。气体晕的产生，本质上源于宇宙的原初密度扰动，而引力逐渐加强了这个密度扰动，直到它从背景宇宙的总体膨胀中分离出来。在这个坍缩过程中，动力学主导的暗物质带领着气体，达到了位力平衡状态。在这种情况下，系统的平均动能$\langle KE\rangle$和平均势能$\langle PE\rangle$处于平衡的状态，即满足

$$2\langle KE\rangle+\langle PE\rangle=0 \tag{6.1}$$

可以看到，当气体收缩时，平均势能减少将会导致平均动能的增加，令气体的温度升高，压强增大，从而起到阻止收缩的作用。一般来说，气体晕的温度会小于10^4K。只有在这个温度下，原子氢才能通过电磁辐射，有效地把热量释放出去，从而导致云团冷却。要想形成恒星，这个冷却过程可谓至关重要。如果气体不能冷却，就无法让云团继续收缩，也就不会有后续的恒星形成。

一般来说，具有太阳金属丰度的气体在冷却收缩时可以较为轻易地通过金属元素的跃迁线和尘埃把热量辐射出去，令云团温度下降，以促使云团收缩。但在第一代恒星诞生的气体云团中只有氢、氦和少量的锂元素，它们的冷却过程因为没有金属元素而变得相对复杂。

原初气体的动力学行为一般由分子氢的冷却过程所控制，所以了解分子氢的形成就变得至关重要。

分子氢是由两个相同的氢原子组成的，不能产生电偶极辐射。其辐射跃迁只有较慢的、概率非常低的磁四极辐射。这就导致了分子氢的形成不能是简单

的由两个氢原子碰撞而成，因为即使短暂地形成了分子氢，其较高的动能因不能被快速辐射出去，而令两个氢原子再次分裂。

在一般的银河系星际介质中，尘埃颗粒可以作为催化剂来解决这个问题：尘埃颗粒可以吸收过剩的动能，而且原子氢可以在颗粒表面移动，增加形成分子氢的概率。但由于早期宇宙并没有尘埃颗粒，上述的分子氢形成过程并不适用于第一代恒星。

那么对于第一代恒星而言，分子氢是怎么形成的呢？较为重要的形成过程有两个：①$H+e^- \longrightarrow H^- + \gamma, H^- + H \longrightarrow H_2 + e^-$，在这里电子作为催化剂加速了分子氢的形成；②利用质子作为催化剂形成过度的 H_2^+，进而加速分子氢的形成。

6.2.2 只含原初气体的恒星的形成

在位力定理，即式(6.1)中代入气体动能和云团势能，可以得到

$$3Nk_B T - \frac{3GM^2}{5R} = 0 \tag{6.2}$$

再考虑到 $N=\frac{M}{m}, R=\left(\frac{3M}{4\pi\rho}\right)^{1/3}$，可以算出金斯质量

$$M_J \equiv M = \left(\frac{5k_B T}{Gm}\right)^{3/2}\left(\frac{3}{4\pi\rho}\right)^{1/2} \tag{6.3}$$

只有当云团的质量大于金斯质量 M_J 时，才可能坍缩。可以注意到，温度越高、密度越小的气体云团，就越不容易坍缩形成恒星。

当原初气体的数密度小于 $10^8/cm^3$ 时，云团里的气体主要是原子状态的，只有极少量的分子氢存在。但正是分子氢的磁四极辐射，联合氘化氢的电偶极辐射，才为气体的冷却提供了可能性。当数密度升高到 $10^8/cm^3$ 时，原初气体开始转变为分子状态。分子氢的突然增加并没有使云团发生过于剧烈的冷却，因为收缩产生的加热阻止了其发生，使云团在几乎恒温下收缩。在数密度高于 $10^{14}/cm^3$ 时，云团对分子氢产生的辐射变得完全光厚，即辐射不能穿过云团散发到星际空间中。在这个阶段，最后的冷却源出现了。超级分子 H_2-H_2 由碰撞引发的发射能有效冷却气体。在云团中心数密度达到 $10^{16}/cm^3$ 时，将形成一个最初的流体静力学平衡的核心。这个阶段也称为“原恒星”阶段，其半径达到太阳半径的 100～200 倍，并开始吸积附近的气体。由于角动量守恒，下落的气体并不会直接掉到原恒星的表面，而会形成一个吸积盘，通过吸积盘的黏滞效应把多余的角动量转移出去，从而顺利进入原恒星。

原恒星随着吸积物质的加入，不断收缩，中心的温度连续上升，并把中心气体完全电离，当质子的热运动速度足以克服质子之间的电磁排斥力时（约 10^7K），并进入束缚原子核的核力作用范围时，就会引起核聚变过程。一颗崭新的恒星就此诞生。随后恒星会缓慢收缩，这时它的中心温度会进一步上升，恒星终于演化至主序的位置。恒星处于流体静力学平衡状态，即光压和引力达到了平衡，核心产能速率与能量从恒星表面流失的速度一致。

由于原初气体的冷却效率较具有金属元素的气体低得多，令其温度一直保持在一个较高的温度，根据式(6.3)，其相应的金斯质量也会大得多。因此，现在天文学界普遍认为，第一恒星都是大质量的天体。这也解释了为什么至今没有找到第一代恒星：因为大质量的恒星寿命远小于宇宙的年龄，在宇宙早期形成的第一代恒星可能都已经死亡了。

6.3 第一代恒星的演化

根据已有的观测证据，我们认为第一代恒星都是大质量的恒星。本节将首先介绍我们最熟悉的恒星——太阳的演化过程。然后，再将其与大质量恒星的演化进行对比。

6.3.1 太阳的演化

太阳是一颗质量较小、光度较低的恒星，被称为黄矮星。根据目前的恒星演化理论，太阳的演化过程总共可以分为 7 个阶段，它们在由恒星温度和光度组成的赫罗图上的演化轨迹如图 6.2 所示。

(1) 主序(main sequence)：主序是指从赫罗图的左上角延伸到右下角的一条对角线的区域，其核心特征是恒星的温度和光度正相关。目前宇宙中绝大多数的恒星都是主序星。当太阳刚刚开始燃烧其核心区的氢时，它位于赫罗图上主序带的左侧，称为“零龄主序”。达到稳定后，其核心区的氢核聚变会把四个氢原子核转化为一个氦原子核，并放出能量。研究表明，大概只有 10%的太阳质量的氢燃料可以在主序星阶段燃烧，由此可以算出太阳在主序上的停留时间大约是 100 亿年。太阳诞生至今，已经经历了 40 多亿年，所以太阳正处于其中年阶段。从零龄主序开始，随着核反应的进行，其核心区的氢元素丰度会逐渐减小，直到最后全部转变为氦。在这个过程中，氢转化为氦令其核心区的粒子数减少，进而导致中心压强减少。但是，向内的引力并没有减少，这会让其核心开始收缩，从而让核心区温度增加，产能率上升，导致太阳的整体光度增加。当

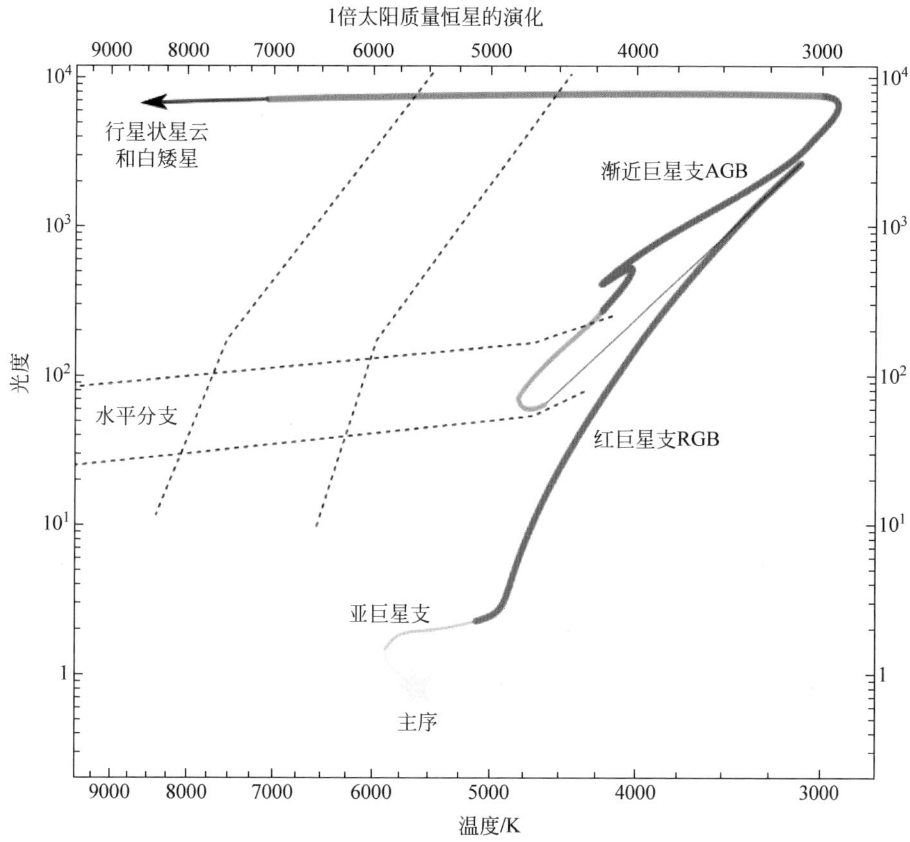

图 6.2 太阳在赫罗图上的演化轨迹

注：光度的单位为"太阳光度"。

核心区所有的氢消耗殆尽后，太阳将会脱离主序，进入下一个阶段。

(2) 亚巨星支(subgiant branch)：当太阳核心区的氢枯竭后，氦核会继续收缩，温度已经超过了 10^7K，但尚未达到令氦核点燃的 10^8K。围绕由氦"灰烬"构成的恒星中心仍然存在着大量的氢。在这个氢的壳层里，因为核心温度的升高，其生成能量的速度比原来主序星阶段更快。较高的光度令恒星表面不燃烧的外壳压力增大，体积膨胀，表面温度降低。

(3) 红巨星支(red giant branch, RGB)：随着太阳表面温度的降低，恒星外壳的物质对于核心产生的辐射变得不透明，恒星表面出现了大规模的对流。其结果之一，就是令恒星的表面温度变化较小，导致恒星在赫罗图上几乎垂直上升。由光度 $L \propto R^2 T^4$ 可知，此时太阳半径 R 会快速增大，甚至可以到达火星的轨道。因为总质量没有明显变化，所以外壳密度能降低到液态水密度的百万分之一。

（4）氦闪（helium flash）：在氦核收缩的过程中，由于量子力学的泡利不相容原理阻止了内核中电子相互靠得太近，这时支持内核的压力变为了电子简并压。当核心的温度上升到 10^8 K，氦核就被点燃了。氦核点燃带来的能量令内核温度迅速升高，但因为电子简并压力是不随温度变化的，这些多出来的能量并没有通过膨胀的方式释放出去，而是越堆越多，最终导致了氦核的爆燃。[①]

（5）水平分支（horizontal branch）：氦闪令太阳内核膨胀，密度降低，温度降低，从而导致产能率下降，太阳的光度也稍微回落。因为外壳层受到的压力变小，恒星收缩，表面温度变高。天文观测表明，大多数恒星在这个阶段的光度几乎恒定，但表面温度存在着极大的差异，所以被称为“水平分支”。恒星在水平分支的位置取决于红巨星阶段因星风而损失的质量大小。

（6）渐近巨星支（asymptotic giant branch，AGB）：氦核的燃烧并不能持续太长的时间。太阳中心被氦燃烧产生的碳所占据后，内核会收缩以抵抗引力，此时外壳层的氦和氢仍然在燃烧，而且因为核收缩引发的温度上升，产能率大大增加。与红巨星支相似，光度的上升导致了外壳层的膨胀，而温度则会稍微下降。因为上升的路径与红巨星支相似，故称为“渐近巨星支”。

（7）行星状星云和白矮星（planetary nebula and white dwarf）：在渐近巨星支的顶点附近，太阳的燃烧变得十分不稳定，产生了爆发性的氦壳层闪光。这种大规模的热脉动令恒星的包层被大量抛射。最后形成了弥散的行星状星云，以及中心高温简并的碳氧核心白矮星。

6.3.2 大质量恒星的演化

为了与引力抗衡，大质量恒星会比太阳压力更大，温度更高，其产能率上升使光度更高，主序寿命也更短。图 6.3 就展示了不同质量恒星在赫罗图上的演化轨迹。

与太阳几乎沿红巨星支垂直上升的演化路径不同，大质量恒星（质量大于 8 倍太阳质量）的演化轨迹几乎是水平的，即光度变化较小。这是因为对大质量恒星而言，要想达到点燃氦所需要的温度（10^8 K）时，其内核密度远低于太阳，导致电子简并压对压力的贡献很小。这样一来，在氦核聚变启动时，并不会产生

① 科幻电影《流浪地球》中，把人类必须逃离家园的原因设定为氦闪。事实上，太阳进入演化第三阶段后就足以吞没地球，根本用不着等到氦闪。

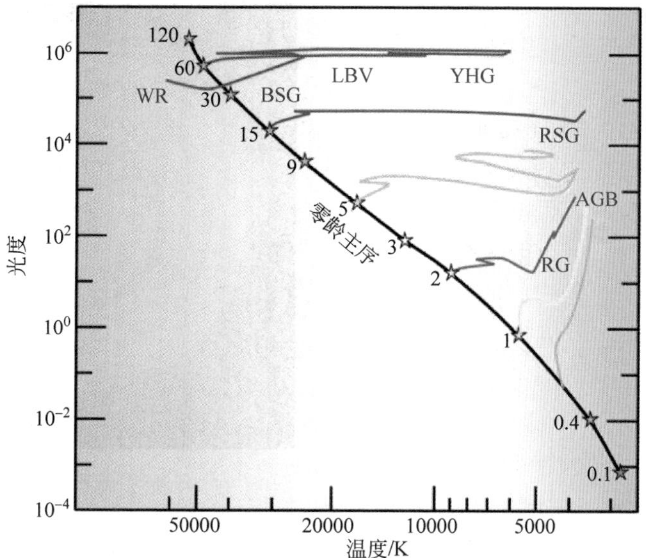

图 6.3　不同质量恒星在赫罗图上的演化轨迹

注：光度的单位为“太阳光度”。

氦闪。因此，恒星不会出现光度降低而回落到水平分支的情况，也不会出现渐近巨星支。大质量恒星只会在赫罗图的顶端来回演化。根据其恒星颜色可以大致判断其离开主序的时间，如红超巨星一般比蓝超巨星更早离开主序阶段。

大质量恒星中心随着内核的不断收缩，可以达到比太阳质量的恒星高得多的温度。因为中心温度如此之高，在恒星没有离开主序多远（蓝超巨星）时，氦的聚变就发生了。当中心被氦燃烧产生的碳“灰烬”充满后，核心会进一步收缩。当温度超过 5×10^8K 时，碳开始燃烧；当温度超过 2×10^9K 时，氧也开始燃烧。随着恒星内部压力的上升，恒星外壳层被向外抛出，让恒星半径增大，表面温度下降，恒星向赫罗图的右方移动。对于总质量在 8～12 倍太阳质量的恒星，最后会在中心处形成一个由氧氖镁构成的白矮星。

对于总质量大于 12 倍太阳质量的恒星而言，其内部的温度和压力足以支持硅的燃烧，从而产生铁核（图 6.4）。但是铁核不会再继续聚变，因为铁是最稳定的元素，它的聚变不仅无法释放能量，反而还要吸收能量。

当恒星的内核突然熄灭后，引力将大大超过压力，恒星的内部不可避免地坍塌。在这个过程中，内核温度剧烈上升。当温度超过 10^{10}K 后，高能光子会将内核中的所有原子核离解成基本粒子，包括电子、质子和中子。随着密度的进一步上升，电子和质子会被挤压到一块，从而形成中子和电子型中微子。

$$e^{-}+p \longrightarrow n+\nu_e \quad (6.4)$$

在这个过程中，中微子带走了大量的能量。因为中微子与物质几乎不发生相互作用，大量的能量流失到了太空中。随着电子的消失和中微子带走能量，恒星内部进一步收缩到原子核的密度。此时坍缩已经无法继续进行，外部的物质带着下落的惯性落在达到原子核密度的内核上，就如同碰到坚硬无比的墙壁，形成激波反弹，导致了核坍缩型超新星爆发，在大质量恒星中心形成了中子星或者黑洞。而大量物质在向外膨胀过程中，会与星际物质和磁场相互作用而形成气体星云，这就是所谓的超新星遗迹。图 6.5 就展示了用各波段电磁波合成的蟹状星云超新星遗迹。

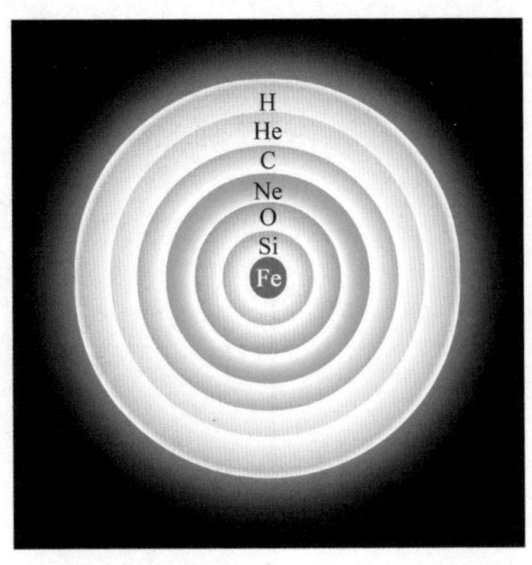

图 6.4　大质量恒星内部的核聚变反应

图 6.5　蟹状星云超新星遗迹

6.4 第一代恒星的死亡

6.4.1 化学元素的起源

根据宇宙大爆炸理论,宇宙早期的原初核合成过程只能产生氢、氦、锂等化学元素。那么问题来了:元素周期表中的众多化学元素都从何而来?

6.3节,我们介绍了大质量恒星的演化。随着时间的推移,大质量恒星内部可以依次点燃氦、碳、氧和硅元素的核聚变过程,直到形成铁元素。考虑到氦原子核俘获效应,加上元素自身的不稳定衰变,在大质量恒星的内核熔炉里,可以产生所有比铁轻的元素。需要强调的是,通过这个由核聚变产生更重化学元素的链条,会终止在铁元素。这是因为,铁原子核中的质子和中子结合的紧密程度,比任何其他元素粒子都要大,所以,要想聚变形成比铁更重的元素,就需要不断吸收能量。这显然是不可能的。那么,那些比铁更重的元素又是如何产生的呢?

天文学界普遍相信,比铁更重的元素的产生,是通过中子俘获过程来实现的。一种原子序数为 Z 的元素,可以在俘获一个中子后形成其较重的同位素。由于其自身的不稳定性,又会发生 β 衰变,导致原子核内的一个中子放出一个电子后,衰变为一个质子。这样一来,一种原子序数为 $Z+1$ 的新元素就诞生了。

这种基于中子俘获的元素形成过程,其实是一个动态平衡过程,取决于原子核俘获中子速率与 β 衰变速率之比。人们把 β 衰变速率较大的称为慢中子俘获过程(s 过程),而俘获中子速率较大的称为快中子俘获过程(r 过程)。

s 过程一般在中小质量恒星的渐近巨星支阶段中较为常见。中子作为核反应的"副产品",逐渐堆积在恒星的内核,有一定的概率被原子核俘获并衰变为新的元素。因为在这类恒星内部中子的密度并不算高,中子俘获的速度也相对较慢。s 过程只能产生包括铋 209 在内的稳定原子核。

要想形成原子序数更大的元素,就需要 r 过程。在核坍缩超新星爆发和双中子合并的过程中,中子密度急剧升高。快速的中子俘获及衰变会产生一系列的重元素,包括那些比铋 209 更重的元素。大量的金属元素会随着第一代恒星的超新星爆发回归到宇宙空间中,最终与周围的星际空间融为一体。这些被金属元素"污染"了的气体在拥有合适密度和温度的分子云中,又会再次转生为恒星。

随着寿命很短(一般只是千万年的量级)的大质量恒星周而复始的“生死轮回”,星际空间中金属元素的含量会变得越来越高。天文学家把那些较早形成、贫金属的恒星归为第二星族,而把那些较晚形成、富金属的恒星归为第一星族。

6.4.2 第一代恒星的归宿

在大质量恒星“死亡”时,核心区域的物质会猛烈坍缩,电子会被挤压进质子,从而形成中子。当恒星死亡引发核坍缩型超新星爆发后,由中子构成的致密核心会留存下来,形成所谓的中子星。中子星的密度非常高,能够达到原子核密度(3×10^{17}kg/m^3)的两倍以上。如此之高的密度,令中子星的尺寸一般只有10~20km。

不同于靠电子简并压对抗自身引力的白矮星,中子星是靠中子简并压来对抗自身引力的。但是,正如白矮星有自己的质量上限,即钱德拉塞卡极限(1.44倍太阳质量),中子星也有自己的质量上限,即奥本海默极限(3倍太阳质量)。一旦超过奥本海默极限,中子简并压就无法再抗衡中子星自身的引力。如此一来,中子星还会继续坍缩。

中子星要是继续坍缩,会变成什么呢?一些天文学家相信,会变成夸克星。粒子物理学告诉我们,中子是由夸克构成的。一般情况下,这些夸克一直被囚禁在中子的“牢房”里,也就是所谓的夸克禁闭。但要是中子星继续坍缩,就会打破中子“牢房”,把里面的夸克都释放出来,从而变成自由夸克。类似于电子和中子,夸克也会对其他的夸克产生排斥力,这就是所谓的夸克简并压。更关键的是,夸克简并压比中子简并压要强大。因此,理论上存在一种完全由自由夸克构成的天体,其内部的夸克简并压能对抗连中子简并压都对付不了的引力,从而维持天体内部的稳定。这种靠夸克简并压对抗引力的天体就是夸克星。时至今日,天文学家依然没能找到夸克星存在的直接证据。换句话说,夸克星依然是一种存在于人类想象中的天体。

即使是夸克星,依然存在着一个质量上限。如果死亡恒星留下的内核质量超过了太阳质量的8倍,就连夸克简并压也无法再抵抗灾难性的引力坍缩。到那时,引力将“君临天下”,把所有的物质都压缩到一个体积无限趋近于零的奇点里,从而形成黑洞。

理解黑洞本质的关键是一个中学物理就讲过的概念:逃逸速度。在地球表面发射一颗卫星,如果这颗卫星的速度能超过11.2km/s,也就是所谓的逃逸速度，它就能挣脱地球引力的束缚，飞到太空中去。需要特别强调的是，11.2km/s只是地球的逃逸速度。如果换一个别的天体，质量比地球大或者半径比地球小，那么这个天体的逃逸速度就会更大。换句话说，如果一个天体的质量增大，或者半径减小，那么这个天体的逃逸速度就会增大。

知道了逃逸速度的概念，我们就可以做一个思想实验了，即压缩天体。

想象有一个天体，飘浮在太空之中。现在让我们不断地压缩这个天体。随着此天体半径的不断减小，它的逃逸速度将不断增大。最后，只要把这个天体的半径压缩得足够小，就能让它的逃逸速度达到光速。这种情况下，就连宇宙中速度最快的光，也无法逃出此天体的魔爪。这意味着，凡是逃逸速度达到光速的天体，都会变成一个连光都可以囚禁的监狱。这种逃逸速度达到光速的恐怖监狱，就是黑洞。

不同于夸克星，黑洞的存在早已被天文观测所证实。20 世纪 70 年代，天文学家在研究一个很有名的 X 射线源——天鹅座 X-1(图 6.6)的时候，发现它的周围存在着一个看不见的大质量伴星。进一步的观测表明，此伴星的质量能达到太阳质量的 10 倍以上。唯一合理的解释是，这个看不见的伴星是一个黑洞。它也是天文学史上第一个得到确认的黑洞。

图 6.6　天鹅座 X-1

2019 年 4 月 10 日，事件视界望远镜项目组公布了一张看上去很像电影《魔戒》中的“索伦之眼”的照片（图 6.7）。这张照片展示的是位于与地球相距 6500 万光年的椭圆星系 M87 正中心的一个超大质量黑洞，名叫 M87*。这张照片，就是人类历史上拍到的首张黑洞照片。

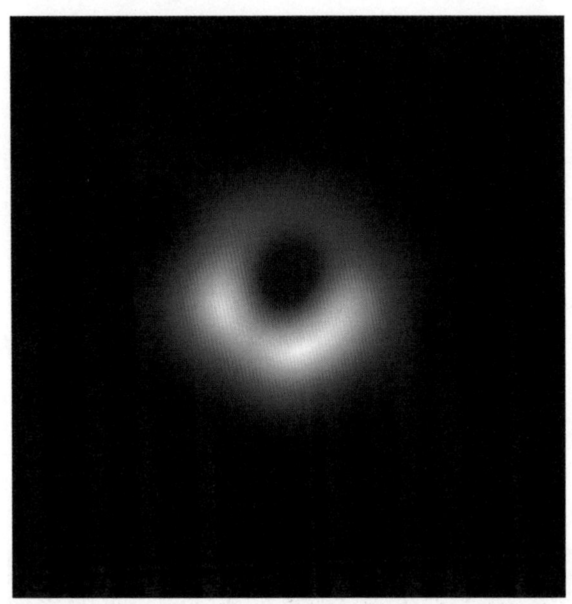

图 6.7　人类历史上拍到的首张黑洞照片

参考文献

[1] BINNEY J，MERRIFIELD M. Galactic astronomy[M]. Princeton：Princeton University Press，1998.

[2] BROMM V，LARSON R B. The first stars[J]. Annual Review Astronomy & Astrophysics，2004，42：79-118.

[3] BROMM V. Formation of the first stars[J]. Rep. Prog. Phys.，2013，76：112901.

[4] FREBEL A，NORRIS J E. Near-field cosmology with extremely metal-poor stars[J]. Annual Review Astronomy & Astrophysics，2015，53：631-688.

[5] KARTTUNEN H，KROGER P，OJAET H，et al. Fundamental astronomy[M]. Berlin：Springer，2017.

7 暗物质

介绍完了恒星的“生老病死”，接下来的两章，我们将深入宇宙的“黑暗面”，去探究宇宙中最神秘的事物：暗物质和暗能量。目前的天文观测表明，暗物质和暗能量加在一起，占宇宙总物质成分的95%。换言之，这两种看不到的神秘事物，才是宇宙真正的主宰。

7.1 暗物质的发现

最早意识到暗物质存在的“先知”，是美国天文学家弗里茨·兹威基(图7.1)。

图7.1 弗里茨·兹威基

1933 年,兹威基研究了后发座星系团(图 7.2)。为了测量这个星系团的质量,他采用了两种截然不同的方法:光度学方法和动力学方法。光度学方法是通过测量星系团所发出的光的亮度,来估算星系团中发光物质的总质量;动力学方法则是通过测量星系团中星系的运动速度,再利用位力定理,来计算整个星系团的总质量。

图 7.2　后发座星系团

兹威基的研究结果表明,用动力学方法测出的星系团总质量远远超过用光度学方法测出的发光物质质量。换言之,星系团中存在的绝大多数物质,我们都是看不见的。为了解释这个诡异的观测结果,兹威基提出了一个堪称疯狂的观点:星系团中存在着一种看不见的物质,也就是所谓的暗物质。

虽然兹威基早在 1933 年就已经发现了暗物质的存在,但是他的研究工作并没有得到学术界的认可。当时人们普遍认为,星系团并不是一个稳定的引力束缚系统,所以位力定理根本不适用于星系团。在长达 40 年的时间里,兹威基提出的这个暗物质理论,一直都无人问津。

直到 20 世纪 70 年代,由于美国天文学家薇拉・鲁宾(图 7.3)研究结果的横空出世,暗物质的存在才得到了普遍的承认。

鲁宾当时的研究对象,是仙女座星系的旋转曲线。以恒星或气体到星系中

图 7.3 薇拉·鲁宾

心的距离 r 为横轴，以它们绕星系中心公转的速度 v 为纵轴，可以画出一条曲线，这就是星系旋转曲线。按照牛顿引力理论，如果星系的质量呈球对称分布，则对于一个以半径 r 绕星系中心公转的天体而言，其公转速度 $v(r)$ 与半径 r 范围内物质总质量 $M(r)$ 的关系为 $v(r)=\sqrt{GM(r)/r}$。如果星系的质量全部来自于发光物质，则在远离星系中心已找不到发光物质的区域，由于 $M(r)$ 已不再随 r 增大，我们应该看到 $v(r)$ 随 r 的增加将按 $\sqrt{1/r}$ 的速率下降。

但实际的观测结果让鲁宾大吃一惊。图 7.4 展示了星系旋转曲线的一个例子。此图的横轴是恒星到星系中心的距离，纵轴是恒星绕星系中心公转的速度。鲁宾本以为，恒星公转速度会随距离的增大而降低，也就是图中的虚线。但实际上，她测出恒星公转速度差不多是一个常数，几乎与距离无关，也就是图中的实线。

进一步的研究表明，星系旋转曲线变平并非仙女座星系独有的现象。事实上，所有的星系都有一条具有相同特征的旋转曲线。这意味着，星系旋转曲线在几乎没有发光物质的外围依然能够变平，是一条适用于所有星系的普遍规律。

这个发现的诡异之处在于，如果星系边缘恒星的公转速度不随距离的增大而降低，那么它就会挣脱星系引力的束缚，飞到遥远的太空中去。而随着星系

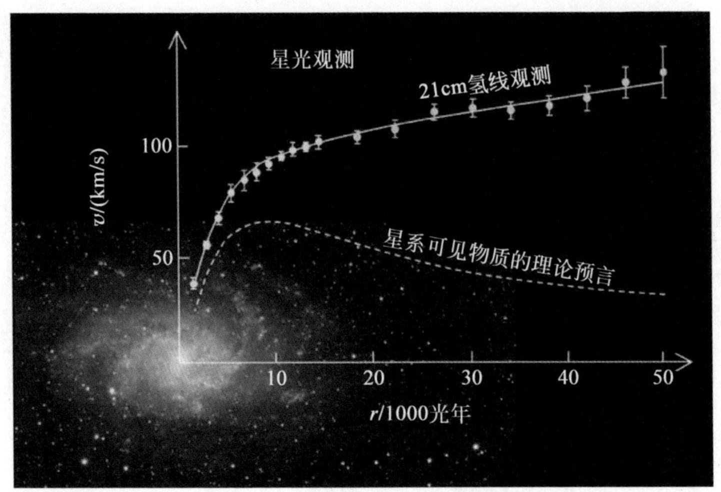

图 7.4　仙女座星系旋转曲线

边缘的恒星不断被剥离，整个星系也将土崩瓦解。但实际情况是，星系可以非常稳定地存在几十亿年。这到底是怎么回事呢？

最合理的解释，就是星系总质量远大于我们能看到的发光物质的质量。换句话说，星系中必须存在大量的看不见的物质，它们提供的额外引力，牢牢地束缚住了星系边缘的恒星。也只有这样，整个星系才不会土崩瓦解。星系中大量存在的这种看不见的物质，就是兹威基 40 年前预言的暗物质。

鲁宾的整个推理过程堪称无懈可击。天文学界很快就接受了鲁宾的结论：宇宙中确实存在着大量看不见的暗物质，而星系的发光部分就嵌在相应的暗物质晕中(图 7.5)。

值得一提的是，暗物质最本质的特征是"暗"。这里的"暗"并不是指黑暗，而是指透明。黑暗的物质会彻底吸收光，而透明的物质则会直接无视光。换句话说，暗物质根本不会与光发生任何相互作用。这样一来，光就可以毫无障碍地直接穿过暗物质，而不会被暗物质反射。因此，暗物质在原则上无法直接被看到。

兹威基和鲁宾发现的这两个关于星系团和星系的疑难问题，可以统称为质量失踪问题。除了引入暗物质，另一条解决之道是对引力理论进行修改，也就是所谓的修改引力理论。20 世纪最后的 20 多年中，暗物质理论和修改引力理论一直处于分庭抗礼的状态。但是 21 世纪初的一个天文观测，让胜利的天平明显偏向了暗物质。

图 7.5 星系发光部分嵌在暗物质晕中的艺术想象图

这就是对与地球相距 37 亿光年的星系团 1E0657-56 的观测，它也被称作子弹星系团。

子弹星系团其实由两个星系团发生碰撞并互相穿过而成(图 7.6)。图中用粉红色标示了两个星系团中的热气体，它们贡献了星系团中常规物质的大部分质量。蓝色区域与两个星系团中的星系所在的区域重合，而星系对星系团中常规物质的贡献远不如热气体。星系一直处于电中性的状态，因而只受引力相互

图 7.6 子弹星系团

作用。但由于高温,热气体处于电离的状态,还会受到电磁相互作用。这样一来,电磁相互作用产生的阻力,就让热气体在两个星系团互相穿越的过程中速度变慢,落在了星系的后面。这就导致了粉红色热气体和蓝色星系在空间上的分离。

按照修改引力理论的观点,这个子弹星系团的质量应该集中在这两个星系团的热气体上,因为它们对常规物质的贡献更大。但实际情况并非如此。基于引力透镜效应,天文学家发现子弹星系团的质量其实集中在图中的两个蓝色区域,即对常规物质贡献较小的星系的区域。

为什么对常规物质贡献较小的蓝色星系区域,反而能成为子弹星系团的质量中心呢?唯一合理的解释是,这两个蓝色区域还存在暗物质。与电中性的星系一样,暗物质也不参与电磁相互作用。因此,它和星系一样,在两个星系团互相穿越的过程中速度不减,能够跑到更远的蓝色区域。正是由于质量远大于常规物质的暗物质的存在,才让那两个蓝色区域成为子弹星系团的质量中心。

至此,我们已经介绍了暗物质存在的三大观测证据,包括后发座星系团中的星系速度、仙女座星系旋转曲线以及子弹星系团质量中心。下一节,我们将探究暗物质是否能用粒子物理标准模型加以解释。

7.2 暗物质的性质

自从 20 世纪 70 年代鲁宾发现了星系旋转曲线会在星系边缘处变平,科学家们一直想弄清暗物质的本质。开始的时候,他们想在粒子物理标准模型的框架下解释暗物质。

图 7.7 就展示了粒子物理标准模型。此模型认为,构成常规物质的基本粒子包括 6 种夸克(上、下、顶、底、粲和奇异夸克)、6 种轻子(电子、μ 子、τ 子和与之对应的 3 种中微子),以及它们的反粒子,这些都是自旋为 1/2 的费米子。此外,还包括一些传递基本相互作用的粒子,如传递电磁相互作用的光子 γ、传递强相互作用的胶子 g,以及传递弱相互作用的粒子 Z 和 W,它们都是自旋为 1 的玻色子。最后,还有一个自旋为 0、能给其他基本粒子赋予质量的粒子,也就是希格斯玻色子。这些基本粒子就是构成我们熟悉的大千世界的基本“砖块”。

在粒子物理标准模型的框架下,是否有可能解释暗物质的存在?此前,人们主要探究过两种理论上的可能性。

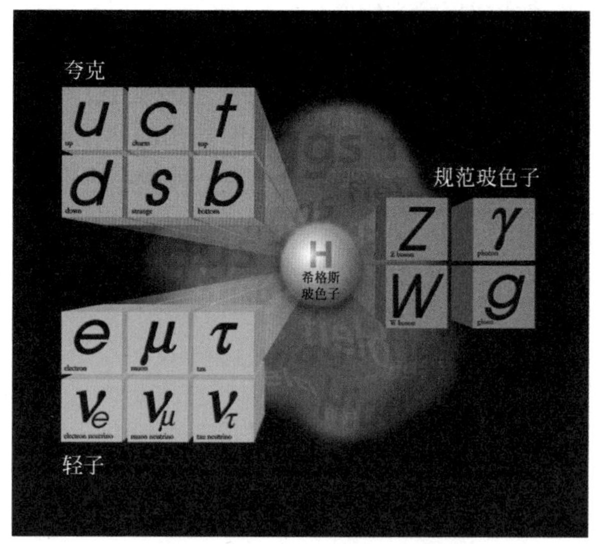

图 7.7 粒子物理标准模型

7.2.1 暗物质由原子构成的可能性

既然单靠星系和星系团中的发光物质根本无法解决质量失踪问题，一个自然而然的想法是，或许这些失踪的质量是由亮度很低、没有被观测到的天体所贡献。这些天体可能包括星际行星、褐矮星、白矮星、中子星以及黑洞，它们被统称为晕族大质量致密天体(massive compact halo objects，MACHOs)。

虽然 MACHOs 本身很难被直接观测到，但通过它们的引力透镜效应可以间接探知它们的存在。例如，当我们观测一颗大麦哲伦星系中的恒星时，如果银河系中的一个 MACHO 天体运行通过我们和那颗恒星之间，则由于 MACHO 将光线会聚，我们会发现那颗恒星逐渐变亮然后又变暗。对星系中的一颗特定恒星来说，因为需要观测者和 MACHO 与其非常精确的共线才能观测到亮度变化，这样的事件发生的概率很低。因此，天文学家通过同时监测星系中的几百万颗恒星的亮度变化来寻找 MACHOs。观测结果表明，MACHOs 不可能是银河系暗物质晕的主体。

因此，由原子构成的 MACHOs 只占暗物质极小的一部分，绝大多数的暗物质并不是由原子构成的。

7.2.2 暗物质由中微子构成的可能性

排除了大部分暗物质由原子构成的可能性后，下一个自然而然的问题就是：大部分暗物质是否由中微子构成?

考虑中微子的理由有3个：第一,在我们已知的粒子中,能够稳定存在的除了质子、中子[①]和电子,就只剩下中微子是有质量的粒子了；第二,中微子不参与电磁作用；第三,基于原初核合成以及CMB给出的间接证据,人们有理由相信宇宙中存在着一个中微子背景。因此,作为一种能在宇宙中大量存在、不参与电磁作用、稳定而有质量的粒子,中微子确实是一个很不错的暗物质候选者。

但是,当人们基于中微子是暗物质主体成分的假设,用计算机来模拟宇宙大尺度结构形成的时候,发现计算机模拟给出的结果与观测事实严重不符。这否定了中微子作为暗物质主体的可能性。这一结论不仅适用于中微子,也适用于所有“热”暗物质粒子。“热”暗物质粒子是指在宇宙大尺度结构形成时仍然是相对论性(速度接近光速)的粒子。按照结构形成理论,如此快的运动速度将使星系很晚才形成,这也与实际天文观测不符。所以现在人们普遍认为,暗物质的主体得是“冷”暗物质粒子,即在大尺度结构形成时,其运动速度必须是非相对论性的(远小于光速)。

另外,根据中微子背景的产生机制,中微子在现今宇宙中的平均数密度是已知的：每一种中微子的数密度大概是$56/\mathrm{cm}^3$。而对中微子质量的测量表明,它们的质量非常小,导致其平均能量密度过小,因而不可能是暗物质的主体。

经历了这些失败的搜寻后,现在学术界已经达成共识：暗物质不可能在粒子物理标准模型的框架下得到合理的解释。换句话说,要想解释暗物质的存在,我们需要的是超出粒子物理标准模型的新物理。

7.3 暗物质的理论

要想成为一个理想的暗物质候选者,需要同时满足以下4个条件：①它要足够“冷”,以满足宇宙大尺度结构形成的观测结果；②它要能够稳定存在,至少能在目前的宇宙年龄尺度上稳定存在；③它与光子的相互作用要足够弱；④它要能够给出与观测相符的暗物质丰度。[②]

在本节中,我们将介绍3种代表性的暗物质理论,包括大质量弱相互作用粒子(weakly interacting massive particles,WIMP)、轴子和惰性中微子。值得

---

① 单独存在的中子不稳定,但在原子核和中子星中的中子可以稳定存在。

② 如果一个候选者能给出比观测值小的暗物质丰度也可以,但这就需要其他暗物质候选者同时存在。

一提的是，这三种理论不仅提供了很好的暗物质候选者，同时也能解决标准模型中的一些重大问题。

7.3.1 WIMP

最主流、影响力最大的暗物质候选者是大质量弱相互作用粒子(图 7.8)。WIMP 的质量约在百亿电子伏特到万亿电子伏特之间，即标准模型中弱相互作用的能标附近。

图 7.8 WIMP

WIMP 之所以被视为最好的暗物质候选者，主要有两个原因。

第一，WIMP 能通过“热退耦”机制来给出正确的暗物质丰度，而也正是通过这一机制产生了光子背景、中微子背景以及与观测结果吻合的轻元素丰度。

WIMP 的热退耦过程可以简述如下。以 X 和 S 分别表示 WIMP 和标准模型粒子，WIMP 的质量为 m_χ，S 的质量可忽略。当宇宙的温度 $T>m_\chi$ 时(左右两边统一为能量的量纲，即温度乘以玻尔兹曼常数>WIMP 质量乘以光速的平方)，两个 WIMP 粒子湮灭成两个 S 的反应及其逆反应，即 $X+X \longleftrightarrow S+S$，都能很快发生。[①] 我们说 X 粒子处于化学平衡中，通过这样的正逆反应，X 粒子的数量得以改变。随着宇宙的膨胀，温度逐渐降低。$T<m_\chi$ 时，一方面，有足够大动能的 S 越来越少，所以逆反应越来越难发生；另一方面，处于化学平衡中的 X 的总数正比于 $e^{-m_\chi/T}$，会很快减小，导致一个 WIMP 粒子越来越难遇到另一个 WIMP 粒子，所以正反应也发生得越来越少。终于，在大约 $T\sim m_\chi/20$ 时，正逆反应发生得太慢了，导致 X 粒子的化学平衡无法再继续维持下去，X 的总数也就不再发生变化。此时，我们就说 WIMP 发生了热退耦。

① 这里的“快”是与宇宙膨胀速率相比。

在热退耦时，WIMP 就已经是非相对论性的了。随着宇宙的膨胀，它在大尺度结构开始形成时的速度已进一步降低到跟光速相比完全可以忽略的程度，所以是“冷”的，满足冷暗物质的条件。

第二，WIMP 能够出现在很多超出标准模型的新理论中，而人们也一直期待大型强子对撞机(large hadron collider，LHC)能够验证这些新理论。其中最具代表性的是超对称理论。超对称理论预言：每一种标准模型粒子都与一种与其自旋相差 1/2，但电荷和其他量子数都相同的超对称粒子相对应(图 7.9)。超对称理论是一个非常优美且强大的理论，它可以解释标准模型中存在的很多疑难问题，例如为什么希格斯粒子的质量与普朗克能标相比如此之小，以及电弱相互作用是如何破缺成电磁和弱相互作用的，等等。更重要的是，超对称也是能够统一引力和其他三种相互作用的弦理论的必要组成部分。

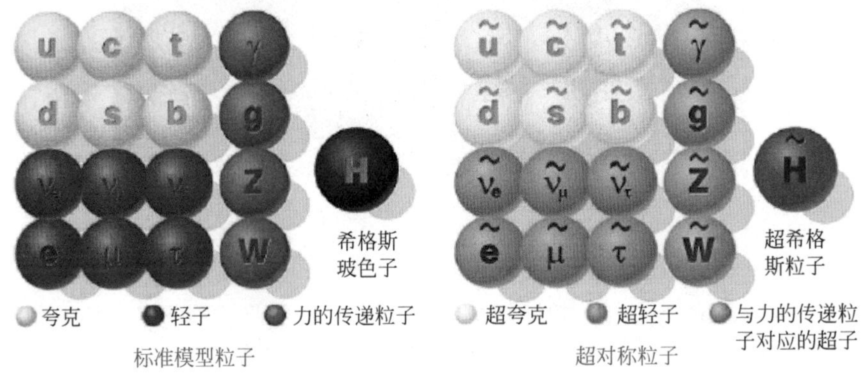

图 7.9　标准模型粒子和超对称粒子

超对称理论给出的 WIMP 粒子是超中性子，它由光子、Z 玻色子和希格斯玻色子这几种电中性粒子所对应的超对称粒子组合而来，因此也是电中性的，只会参与弱相互作用。此外，超中性子可以长期稳定存在，并且能够通过热退耦机制给出与观测相符的暗物质丰度，所以是一个非常理想的暗物质候选者。

7.3.2　轴子

轴子是为解决粒子物理标准模型中的一个疑难问题，即强 CP 问题，而提出的一种假想粒子。理论上，标准模型中的强相互作用允许破坏 CP 对称性①的

① CP 对称性是电荷 C 与宇称 P 的联合对称性。

现象存在，但这在实验上并未被观察到。这一奇怪之处特别体现在中子的电偶极矩上。中子由一个带+2/3电荷的上夸克和两个带−1/3电荷的下夸克组成，理论预言中子应该有电偶极矩，即中子内部的正电荷中心和负电荷中心不重合(图7.10)。然而时至今日，在实验上仍未测得这一物理量，只是给出了一个非常小的上限。这就要求标准模型的强相互作用中那个破坏CP对称性的理论参数至少要比其理论上自然取值小10个量级。但是，标准模型本身无法解释为什么要取如此小的理论参数。这就是强CP问题。

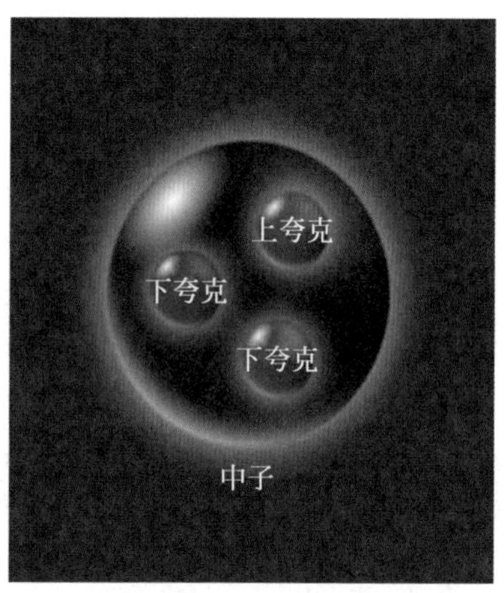

图7.10　中子的内部结构

目前公认的解决强CP问题的最佳方案，是把那个破坏CP对称性的理论参数从一个常数变为一个动力学场，这样就可以通过这个场的动力学演化来保证强相互作用是CP守恒的。为此，需要引入一种在标准模型之外的新对称性，即Peccei-Quinn对称性。而这个动力学场被称为轴子场，它对应的粒子就是轴子(图7.11)。

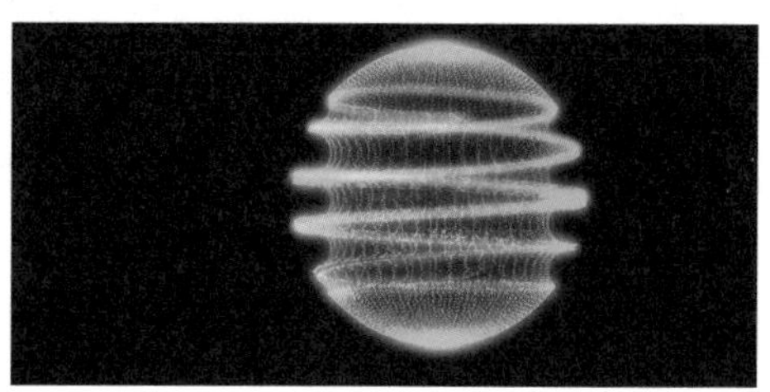

图7.11　轴子

轴子可以在宇宙早期被产生出来，产生机制和产生的数量依赖于极早期宇宙的历史，但重要的是，产生的轴子是“冷”的，并且可以给出与观测相符的暗物质丰度。另外，虽然轴子并不稳定，比如一个轴子可以衰变成两个光子，但因为轴子的质量及其与标准模型粒子的相互作用强度都反比于 Peccei-Quinn 对称性破缺的能标，而且这一能标非常高，所以轴子的质量非常小（远小于 1eV）且与标准模型粒子的相互作用非常弱，很容易让轴子的寿命远长于宇宙年龄。这样一来，轴子就成了一个很好的暗物质候选者。

7.3.3 惰性中微子

粒子物理学的研究表明，中微子有很小但非零的质量。标准模型并不能对此做出解释。为了解释中微子质量的来源，理论家猜测，存在一种名为惰性中微子的粒子。通过惰性中微子带给中微子质量的方式被称为跷跷板机制（图 7.12）。这是因为惰性中微子的质量与中微子的质量成反比，于是就像跷跷板重的一侧下降会让轻的一侧上升一样，惰性中微子的大质量直接导致了中微子的小质量。

图 7.12 赋予中微子质量的跷跷板机制

与中微子一样，惰性中微子也不参与电磁和强相互作用。不过，中微子能够不打任何折扣地参与弱相互作用。而由于跷跷板机制，惰性中微子只能参与一个打折版的弱相互作用。也就是说，惰性中微子与传递弱相互作用的 W 和

Z粒子相互作用时，要在作用强度上乘上一个远小于1的系数。这也是“惰性”这一名称的由来。与之相对的，人们也常在普通中微子的名字前加上“活性”二字。

如此微弱的相互作用，导致在早期宇宙中惰性中微子无法像活性中微子一样与标准模型粒子处于热平衡。所以，它完全可以作为冷暗物质的候选者。

因为惰性中微子比活性中微子重很多，且它能参与一个打折版的弱相互作用，所以惰性中微子并不是稳定的粒子。例如，一个惰性中微子可以衰变成三个活性中微子。如果惰性中微子真的是暗物质的主体，那么它的寿命就必须长于宇宙的年龄。这就给了惰性中微子质量，以及这个打折版的弱相互作用“打折力度”的观测限制：惰性中微子的质量越大，打折力度就得越大。

需要指出的是，惰性中微子的种类可以不止一种。在一些模型中，存在几种质量相差很多量级的惰性中微子。除了能解释中微子质量的起源和提供暗物质的候选者，这些模型中的惰性中微子还有助于解决宇宙正反物质不对称问题。因此，如果惰性中微子真的存在，就有可能一箭三雕地解决暗物质、中微子质量和正反物质不对称这3个重要问题。

7.4 暗物质的探测

在7.3节中，我们介绍了3种最主流的暗物质候选者，包括WIMP、轴子和惰性中微子。根据暗物质候选者的不同性质，其探测手段也各不相同。虽然时至今日，仍未探测到任何暗物质候选者的存在，但是许多暗物质理论模型的参数空间已被大大压缩，从而为进一步的实验探测和暗物质的理论发展指明了方向。接下来，我们就介绍针对这三种暗物质候选者的具体探测方法。

7.4.1 WIMP的探测

图7.13展示了WIMP的3种主要探测手段，包括直接探测、间接探测和对撞机探测。

WIMP的直接探测，关注的是一个WIMP粒子和一个标准模型粒子的相撞。因为WIMP在早期宇宙中与标准模型粒子达到了热平衡，所以它们之间必须存在一定的相互作用，并且相互作用的强度不能比标准模型中的弱作用小太多。同时，因为暗物质晕包裹着银河系，所以地球在运动过程中会不断与暗物质（即WIMP粒子）相遇。这样一来，就有可能在地球上直接探测到WIMP。当一个WIMP粒子撞到一个原子核时，会把一部分动能传给后者，这部分动能

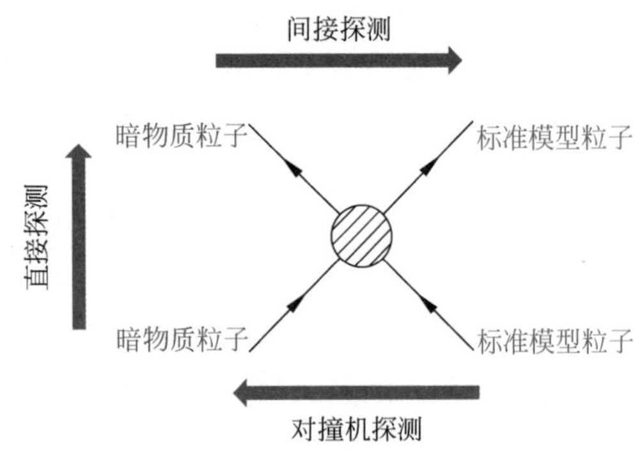

图 7.13　WIMP 的直接、间接和对撞机探测的示意图

叫作反冲能量。WIMP 的直接探测就是通过测量这一反冲能量，来判断探测器的原子核是否与 WIMP 发生了散射。

WIMP 的间接探测，关注的是两个 WIMP 粒子湮灭后产生标准模型粒子。理论上，在暗物质晕或其他暗物质聚集区域中的两个 WIMP 粒子，有可能相遇并发生湮灭，而湮灭产物包括中微子、光子、正负电子、正反质子这些标准模型粒子。通过探测这些湮灭产物进而了解暗物质粒子性质的方法称为间接探测。一个有趣的可能是，太阳和地球已经捕获并在其核心积累了相当数量的 WIMP。因为中微子能够轻易地穿过这些天体，所以可以通过探测湮灭产生的中微子来了解 WIMP。不过，各种天体物理过程也会产生上述的所有标准模型粒子。因此，有时难以判断观测到的标准模型粒子是否来自 WIMP 的湮灭。这也是间接探测的一大难点。

WIMP 的对撞机探测，关注的是两个高能标准模型粒子碰撞后产生 WIMP。如果 WIMP 的质量不是特别大，那么它就有可能在 LHC，以及未来更强大的粒子对撞机中被制造出来。很多新物理理论模型除含有 WIMP 外，也含有比 WIMP 重的其他新粒子。这些更重的新粒子可能参与电磁或强相互作用，从而更容易被对撞机制造。假设有一个带电的新粒子被制造出来，那么它在飞行中就会在对撞机的探测器中留下径迹；而如果它在飞行过程中衰变成 WIMP 粒子，那么人们就会发现其运动轨迹在衰变点消失了。图 7.13 示意性地画出了两个标准模型粒子碰撞产生两个 WIMP 粒子。如果只是如此，由于 WIMP 不会在探测器中留下痕迹，这一事件并不会被记录下来。但是，如果除了产生两个 WIMP 粒子，还产生了一个标准模型粒子，那么探测器记录这个标准模型粒子时，就会发现它的动量没有被其他粒子平衡掉，进而发现这一事件动量不守恒。其实，它的动量是被那两个 WIMP 粒子平衡掉的。这也是一种常用的判断是否在对撞机中产生了 WIMP 的方法。

7.4.2 轴子的探测

一个轴子可以衰变成两个光子，即存在“轴子-双光子”耦合。需要强调的是，和粒子物理中的所有耦合一样，“轴子-双光子”耦合中的粒子不一定是实粒子，也可以是虚粒子。因为光子是电磁场的量子，所以电磁场可以看成虚光子的海洋。因此，这一耦合能让一个轴子和一个光子在电磁场中相互转化。这正是寻找轴子暗物质的主要实验的物理基础。

举个例子。有一类实验通过观察是否有光能穿透墙壁，来探测轴子。图 7.14 就展示了此实验的基本原理。图中的 γ 代表入射和出射的光子，γ′代表静磁场产生的虚光子，而 a 代表轴子。

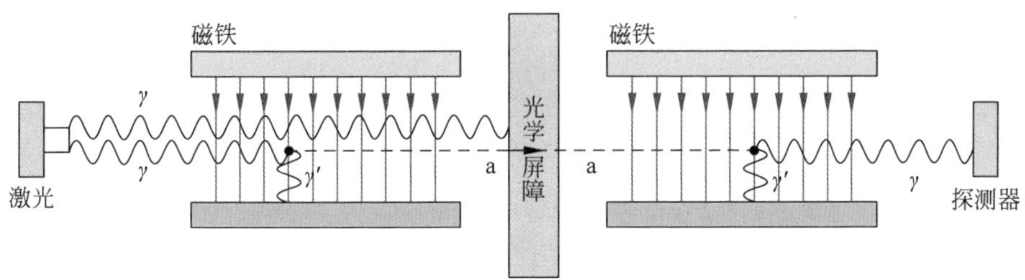

图 7.14 探测轴子的光穿墙实验的原理图

一束激光从左侧入射到磁场中，其中一部分光子被中间的墙阻挡而无法通过，而另一部分光子被磁场转化为轴子。由于轴子与组成墙的物质相互作用非常弱，所以它们都可以通过。随后，这些轴子中的一部分会被墙右侧的磁场又转化为光子。因此，如果右侧的探测器能够探测到光子，就可以说明实验过程中发生了轴子和光子的相互转化。

轴子除了能在实验室中用光子和电磁场制造出来，还能在很多天体内部被自然而然地产生出来，因为那里既有光子，又有由带电粒子所产生的电磁场。太阳就是这样的天体，所以，可以将上述实验中墙的左侧部分省去，直接观测实验室中的磁场能否把来自太阳的轴子转化成光子。这种观测，被称作轴子太阳望远镜。

如果轴子就是构成银河系暗物质晕的粒子，那么我们也可以用类似的方法，寻找来自暗物质晕并与地球相遇的轴子在实验室电磁场中产生的光子。这种观测被称作轴子暗物质晕望远镜。

此外，既然一个轴子能够衰变成两个光子，寻找轴子衰变产生的光子也是探测轴子的一种手段。

7.4.3 惰性中微子的探测

惰性中微子不稳定,可以通过寻找其衰变产物来间接探测惰性中微子的存在。这主要基于一个惰性中微子会衰变成一个光子和一个活性中微子的两体衰变模式。因为光子的质量为零,又考虑到惰性中微子的质量比活性中微子的大很多,所以衰变产生的光子能量几乎等于惰性中微子质量的一半。虽然这个两体衰变模式比惰性中微子衰变成三个活性中微子的概率小得多,但它更有希望被探测到,因为光子远比中微子容易探测。不过,类似于对 WIMP 的间接探测,这种对惰性中微子的间接探测也需要排除信号其实来自天体物理过程的可能性。

如果惰性中微子的质量足够小,它也可能作为其他粒子的衰变产物被探测到。其实,活性中微子就是在 20 世纪 30 年代人们分析放射性原子核的 β 衰变时被提出来的。在 β 衰变中,一个原子核 A 能衰变成比它原子序数大 1 的原子核 B,并放出一个电子 e^-(即 β 粒子)和一个电子型反中微子 $\bar{\nu}_e$。如果衰变没有放出 $\bar{\nu}_e$,则由 $A \rightarrow B + e^-$ 这个两体衰变放出的电子的能量应该是一个定值。但实验发现,电子的能量并非定值,而是有一个连续的分布。由此,泡利就提出了一种新粒子——中微子,来解释实验结果。

事实上,β 衰变产生的 $\bar{\nu}_e$,应该是所有中微子质量本征态的叠加,既包括活性中微子也包括惰性中微子(如果它真的存在的话)。因为惰性中微子的质量与活性中微子的显著不同,而 β 衰变产生的电子能量分布,特别是电子可能达到的最高能量,严重依赖于中微子的质量。所以,有可能通过对电子能量分布的分析,来探知惰性中微子的存在。

此外,惰性中微子的存在也可能通过中微子振荡实验的反常表现出来。这是因为活性中微子在空间中传播时,有一定的概率会变成惰性中微子,从而使实验结果与只考虑活性中微子的理论预言不符。

本章中,我们介绍了三种最主流的暗物质理论及其相应的探测方法。当然,这远远不是暗物质研究的全部内容。图 7.15 就列出了一些致力于解决暗物质问题的理论模型。暗物质的候选者,从质量远小于 1eV 的新粒子到质量能达到 10 倍太阳质量的原初黑洞,其质量范围跨越了 90 个量级。随着研究的不断进展,很多暗物质理论会被观测或实验所排除,同时又不断有新的暗物质理论被提出。作为现代科学最大的谜团之一,暗物质的研究会将继续推动粒子物理、宇宙学和天文学的发展。

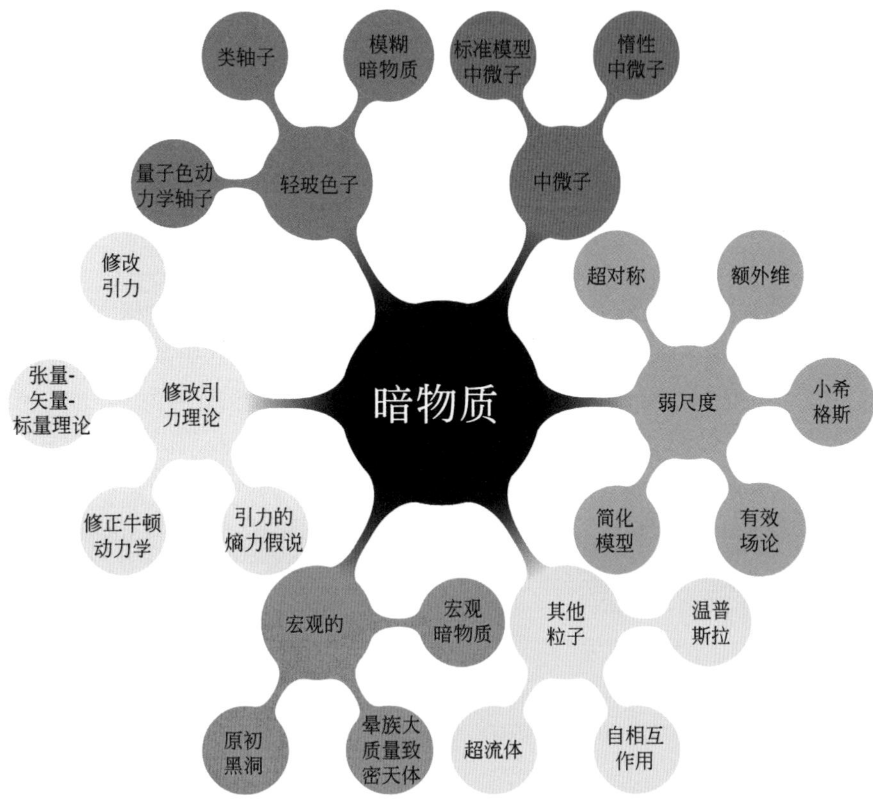

图 7.15 暗物质理论模型

参考文献

[1] RYDEN B. Introduction to cosmology[M]. Cambridge: Cambridge University Press,2016.

[2] PROFUMO S. An introduction to particle dark matter[M]. Singapore: World Scientific Publishing,2017.

[3] BERTONE G, HOOPER D. History of dark matter [J]. Rev. Mod. Phys. , 2018, 90: 045002.

[4] BERTONE G,TAIT T M P. A new era in the search for dark matter[J]. Nature,2018, 562: 51-56.

[5] WORKMAN R L,BURKERT V D,CREDE V, et al. Review of particle physics[J]. Prog. Theor. Exp. Phys. ,2022,083C01.

[6] CARR B,KUHNEL F. Primordial black holes as dark matter candidates[J]. Phys. Lect. Notes,2022,48.

[7] KOPP J. Sterile neutrinos as dark matter candidates[J]. Phys. Lect. Notes,2022,36.

8 暗 能 量

本书的最后一章,我们将介绍宇宙中最神秘的事物——暗能量。尽管对它知之甚少,但目前科学家们已经能确定,暗能量才是宇宙真正的主宰。它的性质,将决定宇宙最终的命运。在本章中,我们将介绍暗能量的发现、理论和观测,并描述宇宙可能会有哪些结局。

8.1 暗能量的发现

前面讲过,在 1916 年,为了维持一个静态的宇宙,爱因斯坦在他的引力场方程中引入了一个宇宙常数项;这个源于真空的宇宙常数项能产生斥力,从而与整个宇宙的引力达成平衡,并让整个宇宙保持静止。1929 年,哈勃发现了宇宙在膨胀。这让爱因斯坦追悔莫及,宣称引入宇宙常数是他“一生中最大的错误”。

不过,爱因斯坦恐怕做梦也不会想到,这个被他视为“一生中最大的错误”的宇宙常数,在 80 年后居然会“王者归来”。

让宇宙常数“王者归来”的,是两个美国的超新星观测组。他们的科学目标,是利用 Ia 型超新星来测量宇宙的膨胀速率。

先介绍一下 Ia 型超新星。宇宙中大多数的恒星都位于双星系统中。在两颗互相绕转的恒星中,质量大一些的那颗会先死,并变成一颗白矮星。随后,死得较晚的那颗恒星也会进入暮年时代,并变成一颗红巨星(图 8.1)。这样一来,白矮星就可以从体积膨胀的红巨星那里吸积物质。一旦白矮星和它吸积物质的总质量超过了钱德拉赛卡极限(约为太阳质量的 1.44 倍),就会引发一场巨大的核爆炸,把所有的质量都转化成光能,从而让自身的亮度急剧增大。这场由白矮星吸积伴星物质引发的大爆炸,就是 Ia 型超新星爆发。

因为几乎所有的 Ia 型超新星爆发时释放的总能量,都是太阳质量的 1.44 倍,所以可以近似地认为,Ia 型超新星的绝对亮度固定不变。这样一来,就可以把 Ia 型超新星视为标准烛光,来进行距离测量。此外,Ia 型超新星相对于地球的

图 8.1 Ia 型超新星

径向速度,可以用多普勒效应测量。通过比较一批 Ia 型超新星的径向速度和它们到地球的距离,就可以确定宇宙的膨胀速度了。

但这两个天文观测组的测量结果,让所有人都惊掉了下巴。他们的结果表明,宇宙不但在膨胀,而且在加速膨胀。

为了讲清楚其中的道理,下面先打个比方。

想象有一名短跑运动员,其跑步速度恒定为 10m/s。现在,让他在逆风的环境中跑 10s。10s 后,我们再测量他所跑的距离。

按理说,由于逆风的影响,这名运动员跑过的距离肯定不到 100m。但实际测量结果表明,他跑过的距离竟然超过了 100m。这是怎么回事呢?唯一的可能是,运动员所处的环境根本不是逆风,而是顺风。

现在,让我们把这名奔跑的运动员想象成一个正在膨胀的宇宙。逆风意味着,引力的存在会让宇宙的膨胀减速。但实际测量结果表明,宇宙的膨胀不但没有减速,反而在不断加速。这就是所谓的宇宙加速膨胀。

1998 年,这两个天文观测组各自独立地发表论文,宣布他们发现宇宙正在加速膨胀。这是继哈勃发现宇宙膨胀以来最重大、最震撼的宇宙学发现,被《科学》杂志评为当年的“十大科学突破”之首(图 8.2)。这个发现也让三位美国科学家,包括萨尔·玻尔马特、布莱恩·施密特和亚当·里斯,获得了 2011 年的诺贝尔物理学奖(图 8.3)。

图 8.2 《科学》杂志评选的“十大科学突破”

萨尔·玻尔马特　　布莱恩·施密特　　亚当·里斯

图 8.3 2011 年诺贝尔物理学奖得主

宇宙加速膨胀的发现意味着，主宰整个宇宙的并不是引力，而是斥力[①]。那么，这种神秘的斥力到底从何而来？

目前学术界最主流的观点是，这种斥力源于一种非常神秘的事物，也就是所谓的暗能量。

---

① 斥力就对应于顺风环境。

暗能量有三个最核心的特征。第一,它是透明的。也就是说,它不会与光发生任何相互作用,因而永远也不会被看到,所以才叫"暗"。第二,它会产生斥力。因此它与物质(包括重子物质和暗物质)存在着本质上的不同,所以才叫"能量"。第三,它在宇宙中均匀分布,不会聚集成团。人们普遍相信,暗能量应该是一种源于真空的能量。

那我们为何在日常生活中完全感受不到暗能量的存在呢?因为它的密度太小了,每立方厘米内的质量还不到 10^{-29}g。如果把 100 多个地球内包含的暗能量都加在一起,也只有区区 1g。因此,我们在宏观尺度上完全无法感知暗能量的存在。但是放眼整个宇宙,暗能量又聚沙成塔,变成了主宰整个宇宙的力量。

暗能量到底是什么呢?时至今日,人类对此依然知之甚少。

到目前为止,物理学家们已经提出了成百上千种暗能量模型。其中最简单也最有名的,依然是爱因斯坦的宇宙常数模型。此模型认为,源于真空的暗能量的能量密度永远都是一个常数,不会随时间推移而发生改变。本书前面多次提到的 ΛCDM 模型,就认为宇宙由宇宙常数(Λ)和冷暗物质(CDM)所主导。天文观测表明,暗能量占宇宙总物质组分的 68.3%,冷暗物质占 26.8%(图 8.4)。

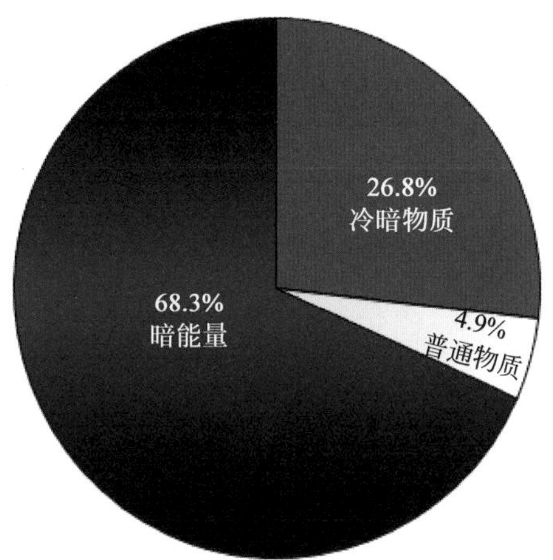

图 8.4　宇宙中各成分的比例

8.2　暗能量的理论

8.1 节讲到,1998 年,两个超新星观测组各自独立发现宇宙正在加速膨胀。正如图 8.5 所示,理论上总共有 3 条途径来解释宇宙的加速膨胀。

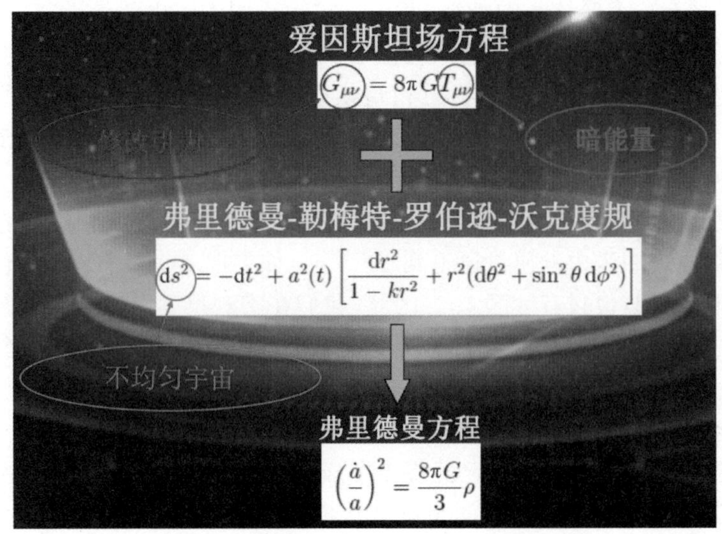

图 8.5　解释宇宙加速膨胀的 3 条途径

第一条途径是修改爱因斯坦场方程的右式，即引入能产生斥力的新物质形态，这就是所谓的"暗能量"。第二条途径是修改爱因斯坦场方程的左式，即采用广义相对论之外的引力理论，这就是所谓的"修改引力"。第三条途径是修改弗里德曼-勒梅特-罗伯逊-沃克度规，即引入新的宇宙时空结构，这就是所谓的"不均匀宇宙"。由于篇幅所限，本书仅聚焦于第一种途径，也就是暗能量。

需要强调的是，哈勃参数 $H\equiv\frac{\dot{a}}{a}$ 是连接暗能量理论和观测的桥梁。根据弗里德曼方程，哈勃参数可以写成

$$H(z)=H_0\sqrt{\Omega_{r0}(1+z)^{-4}+\Omega_{m0}(1+z)^{-3}+\Omega_{k0}(1+z)^{-2}+\Omega_{de0}X(z)} \tag{8.1}$$

式中的各个参数在 1.4 节均有详细描述，这里就不再赘述。式(8.1)中的 $X(z)$ 描述了暗能量密度随红移 z 的演化，可以表示为

$$X(z)=\exp\left[3\int_0^z \frac{1+\omega(z')}{1+z'}dz'\right] \tag{8.2}$$

这里的 $\omega\equiv\frac{p}{\rho}$ 是暗能量的状态方程。不同的暗能量模型会给出不同的 ω，进而给出不同的 $H(z)$。

对于最简单也最有名的 ΛCDM 模型，其状态方程 $\omega=-1$，所以其哈勃参

数为

$$H(z)=H_0\sqrt{\Omega_{r0}(1+z)^{-4}+\Omega_{m0}(1+z)^{-3}+\Omega_{k0}(1+z)^{-2}+\Omega_{de0}} \tag{8.3}$$

很长一段时间，ΛCDM 模型一直都是最受天文观测者青睐的理论模型，所以被一些理论家称为宇宙学标准模型。不过最近几年，ΛCDM 模型却遇到了一个非常严峻的挑战，也就是所谓的哈勃常数危机。

图 8.6 就是哈勃常数危机的示意图。基于 ΛCDM 模型，天文学家能用不同的天文观测来测量同一个模型参数的大小。对哈勃常数 H_0，人们主要用造父变星和 CMB 两种观测来测量其大小。2011 年之前，这两个天文观测的误差棒都很大，所以它们的测量结果没有什么矛盾。但是 2011 年之后，随着技术的进步，两种天文观测的精度都大幅提升，导致它们的测量结果出现了非常显著的差异。

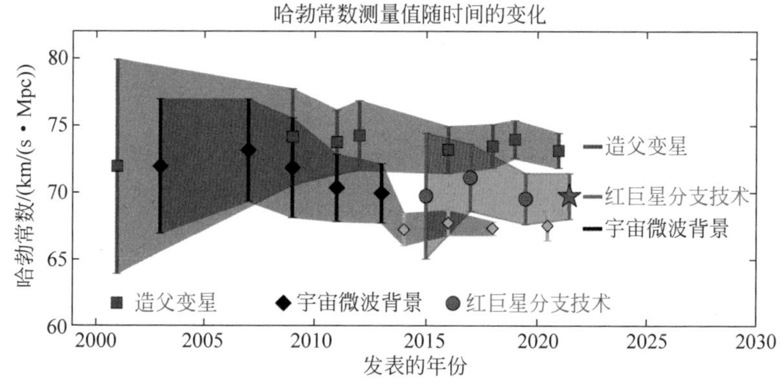

图 8.6 哈勃常数危机示意图

我们还是举例说明。普朗克卫星团队公布的 Planck 2018 数据显示，ΛCDM 模型会给出一个相当小的哈勃常数 $H_0=(67.4\pm0.5)$km/(s·Mpc)。但是 2022 年，基于对 42 个 Ia 型超新星宿主星系中的造父变星的分析，亚当·里斯等发现 ΛCDM 模型会给出一个相当大的哈勃常数 $H_0=(73.04\pm1.04)$km/(s·Mpc)，与 Planck 2018 结果的差异超过了 5σ 标准差。

这意味着，ΛCDM 模型、造父变星观测和 CMB 观测构成了一个不可能三角：三者不可能全是对的。如果不考虑造父变星和 CMB 观测可能存在的系统误差，这会揭示出一种非常激动人心的可能性：我们需要的是能超越宇宙学标准模型的新物理。

之前的研究表明，动力学暗能量模型有助于缓解哈勃常数危机。时至今日，理论家们已经提出了成百上千种动力学暗能量模型。由于篇幅所限，接下来我们只介绍三类非常流行的动力学暗能量模型。

(1) 标量场暗能量模型

在第 2 章中，我们已经介绍过标量场的概念。如果标量场的状态方程为 $-1<\omega<-1/3$，那么它就可以作为暴胀子，推动早期宇宙的加速膨胀。

同样地，标量场也可以作为暗能量，推动晚期宇宙的加速膨胀。这就是所谓的标量场暗能量。如果暗能量只包含一个标量场 ϕ，那么它的状态方程可以写成

$$\omega=\frac{\frac{1}{2}\dot{\phi}^2-V(\phi)}{\frac{1}{2}\dot{\phi}^2+V(\phi)} \tag{8.4}$$

当 $-1<\omega<-1/3$ 时，对应的理论模型被称为精华暗能量模型；当 $\omega<-1$ 时，对应的理论模型被称为幻影暗能量模型。如果暗能量包含两个标量场 ϕ 和 σ，那么它的状态方程可以写成

$$\omega=\frac{\frac{1}{2}\dot{\phi}^2-\frac{1}{2}\dot{\sigma}^2-V(\phi,\sigma)}{\frac{1}{2}\dot{\phi}^2-\frac{1}{2}\dot{\sigma}^2+V(\phi,\sigma)} \tag{8.5}$$

随着时间的推移，其状态方程可以从 $-1<\omega<-1/3$ 演变到 $\omega<-1$，对应的理论模型被称为精灵暗能量模型。

给定势能 V 的具体形式，就可以确定其状态方程 ω，进而通过式(8.1)确定其哈勃参数 $H(z)$。

(2) 参数化暗能量模型

这一类模型的核心想法是，不讨论暗能量的物理起源，而只是对其最重要的模型参数，即状态方程 ω，进行参数化处理。

最简单的此类模型是 ωCDM 模型。ωCDM 模型有一个常数的状态方程，即 $\omega=\text{const}$。相应地，其暗能量演化函数 $X(z)$ 可以写成

$$X(z)=(1+z)^{3(1+\omega)} \tag{8.6}$$

更流行的参数化暗能量模型是谢瓦利尔-波拉斯基-林德(Chevallier-Polarski-Linder，CPL)模型。此模型有一个动力学演化的状态方程，即 $\omega=\omega_0+\omega_a z/(1+z)$，其中 ω_0 是状态方程今天的值，ω_a 是一个描述状态方程演化快慢的模型参数。相应地，其暗能量演化函数 $X(z)$ 可以写成

$$X(z)=(1+z)^{3(1+\omega_0+\omega_a)}\exp\left[-\frac{3\omega_a z}{1+z}\right] \tag{8.7}$$

代入式(8.1)即可确定其哈勃参数 $H(z)$。

(3) 全息暗能量模型

全息暗能量模型其实是全息原理在暗能量问题上的应用。全息原理说的是,任何一个物理系统中的所有物理量,都可以用其边界上的信息来描述。目前人们普遍相信,全息原理应该是量子引力最核心的基本原理。

考虑一个有暗能量、特征长度为 L 的宇宙。根据全息原理,此宇宙中的一切物理量,当然也包括暗能量密度 ρ_{de},都可以用宇宙边界上的物理量来描述。很明显,总共只有两个物理量能用来构造 ρ_{de},分别是约化普朗克质量 $M_{\mathrm{p}}\equiv\sqrt{1/8\pi G}$ 和宇宙特征长度 L。基于量纲分析,可以得到

$$\rho_{\mathrm{de}}=C_1M_{\mathrm{p}}^4+C_2M_{\mathrm{p}}^2L^{-2}+C_3L^{-4}+\cdots \tag{8.8}$$

其中 C_1、C_2、C_3 均为常数的模型参数。式(8.8)右边的第一项(即 M_{p}^4 项)非常大,远远超过当前的天文观测值,所以可以认为 $C_1=0$。而第三项(即 L^{-4} 项)又非常小,与第二项相比完全可以忽略不计。因此,全息暗能量密度可以简化为

$$\rho_{\mathrm{de}}=CM_{\mathrm{p}}^2L^{-2} \tag{8.9}$$

这里的 C 是常数的模型参数。凡是具有式(8.9)这种形式的能量密度的暗能量模型,都属于全息暗能量的范畴。不同的全息暗能量模型,有着不同的宇宙特征长度 L。

8.3 暗能量的观测

在 8.2 节中,我们讲过哈勃参数 $H(z)$是连接暗能量理论和观测的桥梁。从理论上,不同的暗能量模型会给出不同的 $H(z)$。从观测上,$H(z)$又与实际的天文观测量密切相关。这样一来,就可以把暗能量模型的理论预言和实际的天文观测进行对比了。

目前的天文观测主要通过两条途径来测量 $H(z)$,分别是宇宙膨胀历史和结构增长历史。

宇宙膨胀历史主要关注宇宙到底如何膨胀(图 8.7),其核心是测量两种宇宙学距离,即光度距离 $d_{\mathrm{L}}(z)$和角直径距离 $d_{\mathrm{A}}(z)$。在平坦宇宙中,这两种宇宙学距离的计算公式为

$$d_{\mathrm{L}}(z)=(1+z)\int_0^z \frac{\mathrm{d}z'}{H(z')} \tag{8.10}$$

$$d_{\mathrm{A}}(z)=\frac{1}{1+z}\int_0^z \frac{\mathrm{d}z'}{H(z')} \tag{8.11}$$

不同的暗能量模型会给出不同的 $H(z)$，进而给出不同的 $d_{\mathrm{L}}(z)$ 和 $d_{\mathrm{A}}(z)$。因此，只要通过某种天文观测得到一定量的 $d_{\mathrm{L}}(z)$ 和 $d_{\mathrm{A}}(z)$ 的数据点，就可以对暗能量模型做宇宙学数值拟合分析了。

图 8.7　宇宙膨胀历史

结构增长历史主要关注宇宙大尺度结构如何形成(图 8.8)，其核心是测量物质密度涨落 $\delta\equiv\frac{\delta\rho_{\mathrm{m}}}{\rho_{\mathrm{m}}}$ 随红移 z 的演化。理论上，确定密度涨落的演化方程为

$$\ddot{\delta}+2H\dot{\delta}-4\pi G\rho_{\mathrm{m}}\delta=0 \tag{8.12}$$

方程中同样出现了哈勃参数 $H(z)$。不同的暗能量模型会给出不同的 $H(z)$。一旦 $H(z)$ 的具体形式确定下来，式(8.12)就可以求解了。将理论计算的 $\delta(z)$ 与实际观测的 $\delta(z)$ 数据点进行对比，就可以对暗能量模型的参数空间进行限制了。

讲完了连接暗能量理论和观测的两条主要途径，接下来，我们简要介绍一些最主流的暗能量观测。

(1) Ia 型超新星

前面已经讲过 Ia 型超新星的物理图像。因为几乎所有的 Ia 型超新星爆发时释放的总能量，都是太阳质量的 1.44 倍，所以可以近似地认为 Ia 型超新星是一种标准烛光。

图 8.8 结构增长历史

不过,实际情况并没有这么简单。图 8.9 就展示了人们观测到的 Ia 型超新星的光变曲线,它反映了超新星绝对亮度随时间的变化规律。图中的横轴代表 Ia 型超新星在天上闪耀的时间,而纵轴则代表能标记天体绝对亮度的绝对星等(绝对星等越小,对应的绝对亮度就越大)。

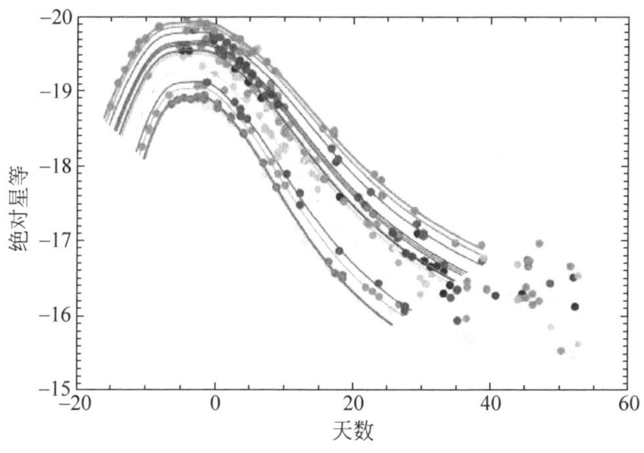

图 8.9 Ia 型超新星的光变曲线

Ia 型超新星爆发后，恒星亮度会出现巨大的提升，并在短时间内达到顶峰。此后，它的亮度会逐渐下降，直到最后消失不见。这样一来，Ia 型超新星就会留下了一个宛如过山车般的演化轨迹，这就是 Ia 型超新星的实际观测量——光变曲线。

一条 Ia 型超新星光变曲线的顶峰，就标记了这颗 Ia 型超新星能达到的最大绝对亮度。从图 8.9 中可以看到，对于不同的 Ia 型超新星而言，其光变曲线的顶峰高度并不相同。因此，Ia 型超新星并不是真正意义上的标准烛光。

不过在 1993 年，事情有了转机。美国天文学家马克·菲利普(图 8.10)发现，Ia 型超新星亮度下降的速度越快，它所能达到的最大绝对亮度就越小。这意味着，仅仅研究 Ia 型超新星光变曲线的顶峰高度是远远不够的，还应该考虑 Ia 型超新星光变曲线的形状差异。换句话说，可以根据 Ia 型超新星光变曲线的形状，来对它的绝对星等进行修正，这就是所谓的"形变修正"。

图 8.10　马克·菲利普

不仅如此，菲利普还提出了一个"形变修正"的经验公式，被称为"菲利普关系"。用菲利普关系进行修正以后，不同的 Ia 型超新星光变曲线就会具有大致相同的顶峰高度(图 8.11)。换句话说，Ia 型超新星可以用菲利普关系修正成一种"标准化烛光"。如此一来，Ia 型超新星就可以用于宇宙学距离的测量了。

通过分析 Ia 型超新星的光变曲线，最后可以得到其光度距离 $d_L(z)$ 的数据。

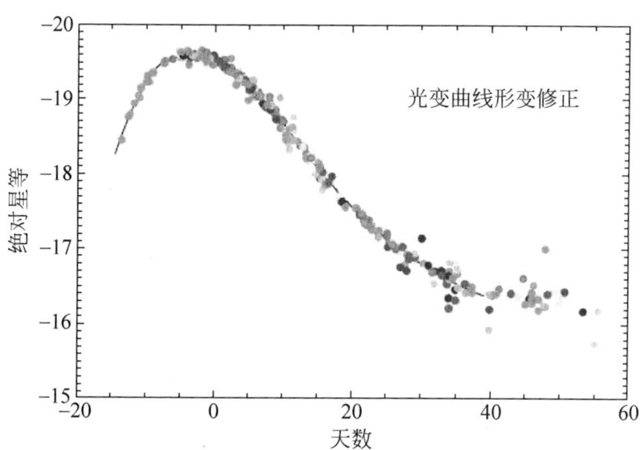

图 8.11 经菲利普关系修正后的 Ia 型超新星光变曲线

(2) 重子声学振荡

4.3 节已经讲过 CMB 温度天图中的声波振荡。暴胀结束后，在早期宇宙的光子-重子流体中，密度不均匀性一直以声波的形式传播，且流体中的声速为 $c_S \approx \frac{c}{\sqrt{3}}$。正如图 4.14 所示，这就形成了一个声视界。密度不均匀性的传播会在最后散射面处终止。此后，光子与重子物质脱耦，开始在宇宙中自由传播。没有了光子的推动，声视界所能达到的最大尺度也在最后散射面处固定下来。

之前也讲过这个声视界最大尺度的计算。取 $c_S \approx \frac{c}{\sqrt{3}}$ 和 $t_{rec} \approx 37$ 万年，再考虑到宇宙膨胀的影响，可以算出声视界最大尺度为 $l_S \approx 144\text{Mpc}$。在这个特定的尺度上，物质分布具有最显著的成团性，对应于 CMB 温度天图中最高的那个峰。由于声速 c_S 和氢再复合时间 t_{rec} 都是固定不变的，特征尺度 l_S 的大小也是固定的，不依赖于任何宇宙学模型。所以，这个特征尺度被视为一把“标准尺”(图 8.12)，可以用来检验宇宙学模型。

值得一提的是，除了 CMB 温度天图，在星系巡天的物质功率谱中，同样可以找到重子声波振荡的蛛丝马迹。图 8.13 就展示了星系巡天得到的物质功率谱。图 8.13 中在 100～120/(h · Mpc)处冒出的那个“鼓包”，就是由重子声波振荡所造成的，所以，星系巡天也是一种测量重子声波振荡的方法。

通过分析重子声波振荡的标准尺，最后可以得到其光度距离 $d_L(z)$ 和角直径距离 $d_A(z)$ 的数据。

图 8.12 重子声波振荡的“标准尺”

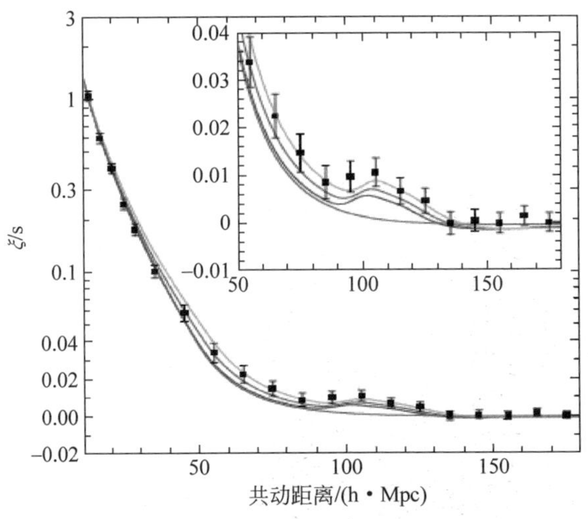

图 8.13 星系物质功率谱中的重子声波振荡痕迹

(3) 弱引力透镜

根据广义相对论，遥远光源发出的光线在到达观测者的过程中，如果途经某个具有一定质量的天体，会在其引力场的作用下发生弯曲。这一现象被称为引力透镜效应(图 8.14)。

引力透镜可以细分为三类，分别是强引力透镜、弱引力透镜和微引力透镜。强引力透镜是指中间途经了特别强的引力场，导致最后拍到的远处光源出现了

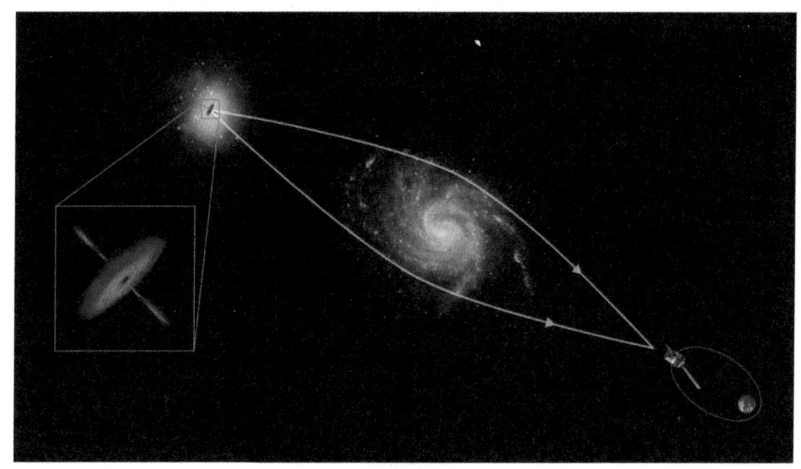

图 8.14 引力透镜效应示意图

多重像。弱引力透镜是指中间途经了不太强的引力场，导致最后拍到的远处光源图像出现了扭曲变形(图 8.15)。微引力透镜是指中间途经了比较弱的引力场，只是让最后拍到的远处光源图像出现了亮度上的改变。

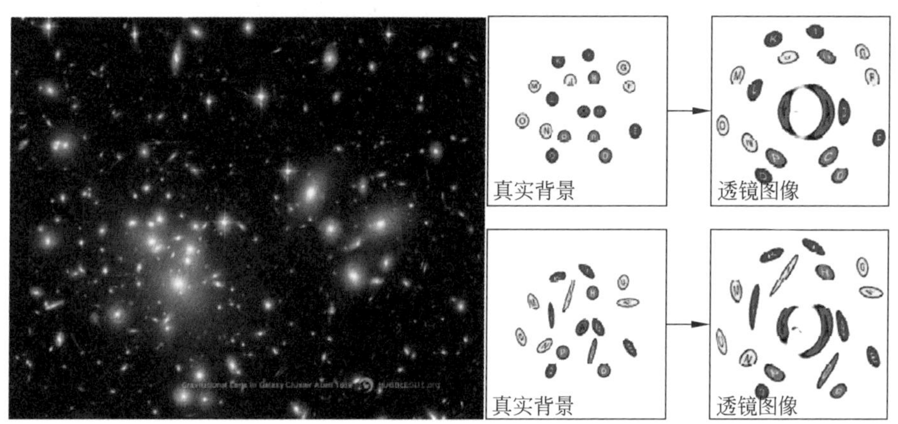

图 8.15 弱引力透镜示意图

在三种引力透镜效应中，最常用来探测暗能量的是弱引力透镜。弱引力透镜可以在不依赖于宇宙学模型的前提下，直接探测宇宙中的物质分布，进而给出物质密度涨落 $\delta(z)$ 的数据。换句话说，弱引力透镜是通过结构增长历史这条途径，来探测暗能量的。

除了 Ia 型超新星、重子声学振荡和弱引力透镜这三种最主流的暗能量观测手段，还有一些其他的天文观测能用来探测暗能量，例如 CMB、星系团、标准笛、伽马暴、宇宙年龄检验、红移-空间畸变等。限于篇幅，这里就不展开介绍了。

暗能量观测的研究现状，很像那个古老的盲人摸象的故事(图 8.16)。不同的暗能量观测或许只能探测到暗能量的某个侧面，正如不同的盲人只能摸到大象的某个部位一样。如果只是依赖于某种暗能量观测手段，最终得到的只会是非常局限而片面的结果。我们希望多应用一些暗能量观测手段，去探测暗能量的不同侧面。最终，把所有的观测结果都汇聚在一起，从而拼出暗能量这只神秘“大象”的全貌。

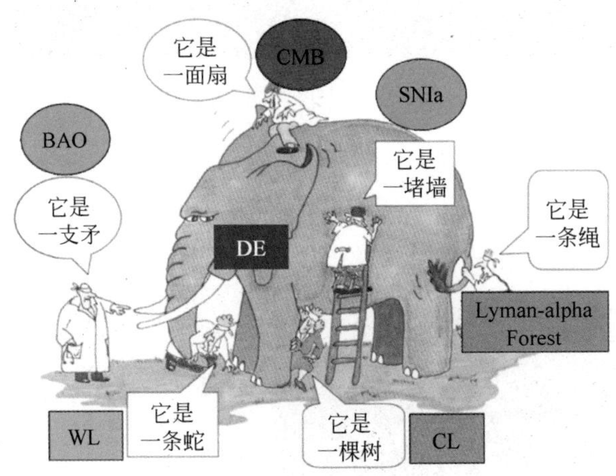

图 8.16　暗能量观测的研究现状

8.4　宇宙的最终命运

本书的最后一节，我们将介绍暗能量如何主宰宇宙的最终命运。不过在回答这个问题以前，得先讲讲暗能量为什么能主宰宇宙的命运。

之前讲过，暗能量目前占宇宙总物质组分的 68.3%。随着宇宙的不断膨胀，宇宙中物质的密度将不断减小。如果暗能量是宇宙常数，那么它的能量密度就始终是一个常数；就算不是宇宙常数，将来暗能量密度下降的速度也会远低于物质密度下降的速度。这意味着，随着时间的推移，暗能量在宇宙总物质组分中所占的比例将不断提高，并最终趋向于 100%。因此，宇宙的最终命运必将由暗能量主宰。

接下来我们介绍宇宙有哪些可能的命运。在暗能量发现之前，人类普遍认为，宇宙有三种可能的命运，即“大挤压”“大反弹”和“大冻结”。为了讲清楚它们的含义，这里先做一个类比。

想象有一个乒乓球被抛到空中。那么这个乒乓球就有三种可能的结局：

第一种结局。乒乓球飞行的速度不够快，被地球引力拉了回来，随后一头栽在地上，再也弹不起来。

第二种结局。乒乓球飞行的速度不够快，被地球引力拉了回来，接着被地面反弹，然后又被地球引力拉回。如此不断地弹起、落下，循环往复。

第三种结局。乒乓球飞行的速度足够快，从而彻底挣脱地球引力的束缚，飞向太空，一去不复返。

现在，把乒乓球的飞行想象成宇宙的膨胀，把地球的引力想象成整个宇宙的引力，这样就可以把上述的三种结局与宇宙的三种命运一一对应。

第一种结局对应“大挤压”(图 8.17)。它说的是，宇宙将来会由膨胀转为收缩，并最终将其中包含的所有物质都挤压进一个体积无穷小、密度无穷大的时空奇点。

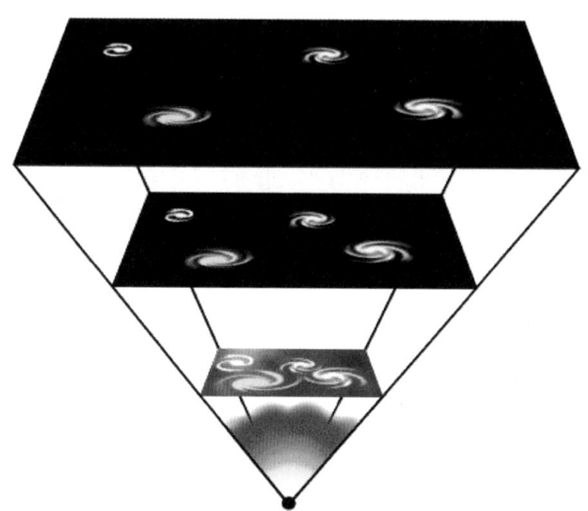

图 8.17 大挤压的物理图像

第二种结局对应“大反弹”(图 8.18)。它说的是，宇宙将来会由膨胀转为收缩，而收缩到足够小的时候又会被反弹，从而重新开始膨胀。这样一来，宇宙就会在不断的膨胀与收缩中，循环往复。

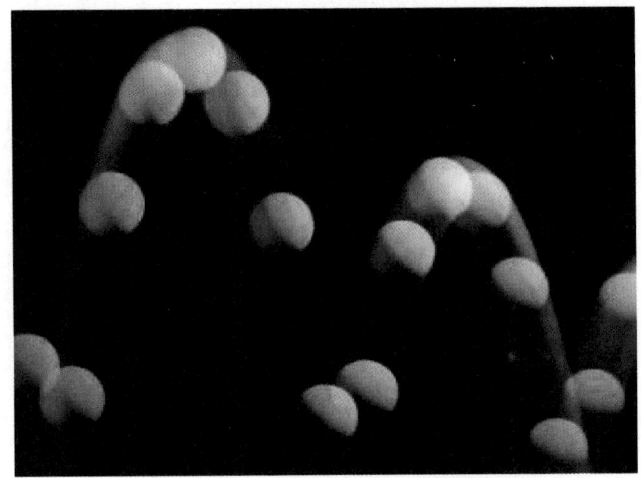

图 8.18　大反弹的物理图像

但是暗能量的发现，让“大挤压”和“大反弹”的可能性变得极为渺茫。[①] 这是因为，乒乓球已经不会再落回地面了，而是在暗能量所产生的斥力的推动下，加速飞离地球。因此，宇宙将走向第三种结局，即挣脱引力束缚，永远膨胀下去。换言之，宇宙的最终命运将是“大冻结”。

“大冻结”意味着，宇宙将迎来一个黑暗、寒冷、孤独的死亡。在此过程中，有以下几个标志性事件：

(1) 目前的宇宙中，既有恒星在死亡，也有恒星在诞生。但早晚有一天，宇宙中所有的恒星都会死亡，并且不会再有新的恒星诞生。此后，宇宙就将陷入永恒的黑暗。

(2) 宇宙加速膨胀会让室女座超星系团以外的所有星系，都离我们越来越远，直到再也无法看见。换句话说，宇宙加速膨胀会让室女座超星系团变成一座真正意义上的宇宙孤岛。

(3) 正如动能的耗尽能让所有的人造地球卫星最终都落回地球。随着动能的耗尽，早晚有一天，室女座超星系团中的所有天体最后都会落入超星系团中心的那个超大质量黑洞。

(4) 黑洞也不是终点。随着宇宙的不断膨胀，CMB 的温度将不断降低，最终会低于所有黑洞的温度。此后，黑洞就会开始蒸发(这就是所谓的霍金辐

① 有极少数、颇为复杂的理论模型，能让宇宙从加速膨胀状态转变为最终收缩状态。

射),变得越来越小。早晚有一天①,宇宙中所有的黑洞都会蒸发殆尽。到那时,宇宙中的万事万物都会烟消云散。

黑暗、寒冷、几乎空无一物,这就是宇宙"大冻结"的最终结局。

但在20世纪末,有人发现"大冻结"并非宇宙唯一可能的命运。此人就是美国物理学家罗伯特·考德威尔(图8.19)。

图8.19 罗伯特·考德威尔

1999年,考德威尔提出了一个全新的暗能量模型。当时恰好有一部好莱坞大片,即《星球大战前传1: 幽灵的威胁》在热映。为了向这部大片致敬,考德威尔用幽灵的英文单词phantom来给自己的模型命名,其中文译名是幻影暗能量。

幻影暗能量揭示了一种匪夷所思的可能性: 暗能量的密度会随着时间的推移而不断变大。这会让宇宙遭遇一个名为"大撕裂"的恐怖末日。

为了讲清楚幻影暗能量如何导致大撕裂,我们先来调整一下宇宙年龄公式,即式(1.14)的积分上下限。

$$t_{\mathrm{BR}}=\frac{1}{H_0}\int_{-1}^{0}\frac{\mathrm{d}z}{(1+z)\sqrt{\Omega_{\mathrm{m0}}(1+z)^{-3}+\Omega_{\mathrm{de0}}X(z)}} \tag{8.13}$$

① 一般认为,至少要花10^{1000}年。

注意，式(1.14)的积分上下限，对应的是从宇宙创生之初($z\to\infty$)到现在($z=0$)的时间；而式(8.13)的积分上下限，对应的是从现在($z=0$)到无穷远未来(即最后红移面，$z\to-1$)的时间。[①]

为了简单起见，接下来我们将在 ωCDM 模型($\omega=\text{const}$)的框架下来讨论宇宙命运问题。由式(8.6)可知，此模型的暗能量演化函数 $X(z)=(1+z)^{3(1+\omega)}$。把 $X(z)$代入式(8.13)，可以发现：

(1) 当暗能量状态方程 $\omega\geqslant-1$ 时，$t_{\text{BR}}\to\infty$，说明宇宙可以永远膨胀下去。

(2) 当暗能量状态方程 $\omega<-1$ 时，t_{BR} 有限，说明宇宙存在一个终点。而 $\omega<-1$ 的暗能量模型，正是幻影暗能量。换句话说，幻影暗能量会让宇宙遭遇一个末日。

这是怎么回事？其实很简单。我们熟悉的世界，其稳定性是靠引力维系的。对于一个引力束缚系统(例如行星、恒星、星系和星系团)，引力大小是固定的，不会随时间的推移而发生改变。

但充斥宇宙每个角落、能产生斥力的暗能量就不一样了。尤其是这个 $\omega<-1$ 的幻影暗能量，其能量密度会随着时间的推移而不断变大。这意味着，它产生的斥力也会变得越来越大。

目前，暗能量的密度还不到 $10^{-29}\,g/\text{cm}^3$，所以我们完全感受不到它发出的斥力。但是，如果暗能量产生的斥力能随时间的推移而不断变大，早晚有一天，它将超过所有引力，从而破坏原本由引力维系的整个世界的稳定。换句话说，到时宇宙中所有的结构，无论是银河系、太阳系、地球还是我们自身，都会被幻影暗能量从内部撕碎。幻影暗能量从内部撕碎一切的这个恐怖末日景象，就是所谓的“宇宙大撕裂”(图 8.20)。

一个质量为 M、半径为 R、公转周期为 P 的引力束缚系统，它被幻影暗能量的强大斥力摧毁的条件为

$$-\frac{4\pi R^3}{3}(\rho_{\text{de}}+3p_{\text{de}})\approx M \tag{8.14}$$

代入幻影暗能量的密度和压强，可以确定此引力束缚系统被摧毁时的宇宙学红移 z_{tear}。这样一来，就可以计算此时距离宇宙末日 t_{BR} 的时间差：

$$t_{\text{BR}}-t_{\text{tear}}=\int_{-1}^{z_{\text{tear}}}\frac{\mathrm{d}z}{(1+z)H(z)}\approx\frac{\sqrt{2\,|\,1+3\omega\,|}}{6\pi\,|\,1+\omega\,|}P \tag{8.15}$$

基于式(8.15)，我们可以放映一部记录宇宙大撕裂这个恐怖末日的电影。

① t_{BR} 代表大撕裂时间。

图 8.20 宇宙大撕裂

在末日到来前的 6000 万年,银河系会解体。

在末日到来前的 3 个月,冥王星会突然消失。随后,海王星、天王星、土星、木星和火星也会一个接一个地神秘失踪。

在末日到来前的 30min,地球也会突然土崩瓦解。

末日到来前的 10^{-19}s,就连原子都会被幻影暗能量的强大斥力撕碎。

然后就是宇宙大撕裂的时刻了。这时幻影暗能量将君临天下,彻底摧毁宇宙中的一切结果。整个宇宙,甚至包括时间本身,都会在这一刻走向终结。

我们已经介绍完了宇宙最有可能的两种终极命运:"大冻结"和"大撕裂"。具体会走向哪个结局,取决于暗能量的性质,即其状态方程未来会不会小于−1。

美国桂冠诗人罗伯特·弗罗斯特在他的名作《火与冰》中写下了这样的诗句:"有人说世界将终结于火,有人说是冰。"

不过,弗罗斯特应该不曾料到,在火与冰之外,宇宙还有更恐怖的命运。

参考文献

[1] RIESS A G, CHALLIS P, CLOCCHIATTI A, et al. Observational evidence from supernovae for an accelerating Universe and a cosmological constant[J]. Astron. J., 1998,116: 1009-1038.

[2] PERLMUTTER H R S, ALDERING G, GOLDHABER G, et al. Measurements of omega and lambda from 42 high-redshift supernovae[J]. Astrophys. J., 1999, 517: 565-586.

[3] PEEBLES P J E, RATRA B. The cosmological constant and dark energy[J]. Rev. Mod. Phys., 2003, 75: 559-606.

[4] CALDWELL R R, KAMIONKOWSKI M. The physics of cosmic acceleration[J]. Ann. Rev. Nucl. Part. Sci., 2009, 59: 397-429.

[5] LI M, LI X D, WANG S, et al. Dark energy[J]. Commun. Theor. Phys., 2011, 56: 525-604.

[6] WANG S, WANG Y, LI M. Holographic dark energy[J]. Phys. Rept., 2017, 696: 1-57.

[7] VALENTINO E D, MENA O, PAN S, et al. In the realm of the Hubble tension: a review of solutions[J]. Class. Quant. Grav., 2021, 38: 153001.